ボードゲーム デザイナー ガイドブック

ボードゲーム デザイナーを目指す人への
実践的なアドバイス

Tom Werneck Leitfaden für Spieleerfinder
und solche, die es werden wollen

トム・ヴェルネック｜著

小野卓也｜訳

スモール出版

Leitfaden für Spieleerfinder
und solche, die es werden wollen
by Tom Werneck
© 2018 Tom Werneck. All Rights Reserved.

日本語版まえがき
Vorwort für japanische Leserinnen und Leser

　本書の初版が発売されたとき、私は思った。「この本がもし1000部以上売れたら、家族全員をご馳走に連れていこう」。驚いたことに、この約束はすぐに実行しなければならなくなった。

　そのうち『ボードゲーム デザイナー ガイドブック』は35,000部を超え、いくつかの言語に翻訳された。ここ数年のうちに二つのことが変わった。一つはボードゲーム出版社の期待、そしてもう一つはボードゲームデザイナーのアイデアの豊かさである。重版のたびに、これらの展開を取り入れ、第7版を数えるまでになっている。

　日本が伝統的なボードゲームで示す競技能力の高さには、いつも感心している。私の妻は東京都港区で育ち、神奈川県横浜市の学校に通った。そのため私も日本の文化や思考法、ライフスタイルに影響されてきた。この背景があるために、この本の日本語訳が発売されることは私にとって特別な栄誉と喜びである。

　日本から遠く離れたヨーロッパでも、新しい世代のボードゲームデザイナーの開発力や創造力が目に見えて目立つようになった。彼らはデジタルゲームに集中しているだけでなく、伝統的なボードゲームやファミリーゲームも開発している。

　この本がたくさんのボードゲームデザイナーの仕事の助けとして役に立つだけでなく、彼らが創造力を開放し、成功する新作をたくさん生み出す冒険に繰り出し、経験を積む力となることを強く願う。

　本書を翻訳してくれた小野卓也氏と、発売してくれたスモール出版の関係者各位に感謝を申し上げる。

トム・ヴェルネック
Tom Werneck

日本における本書の使い道（訳者まえがき）

Wie benutzt man das Buch in Japan? (Übersetzer)

　近年、国内最大規模のアナログゲームイベント、「ゲームマーケット」で、創作ボードゲームを発表する人がどんどん増えている。比較的安価なコストで製作・販売でき、誰でも気軽に参入できる環境は、同人文化をベースにした日本特有の状況といえる。直近3回のゲームマーケットで発表された新作ボードゲームは、合計881タイトル。その大半は製作部数100個以下の自費出版である。

　こうして頒布される作品のアイデアは海外からも注目され、日本を訪れる外国人愛好者は国産ゲームを求めて「イエローサブマリン」などのゲームショップを訪れ、「ゲームマーケット」では海外の出版社の担当者が新しいアイデアを探して会場内を歩き回る。ライセンス契約を経て欧米や中国で出版されるボードゲームも増え、川崎晋氏、林尚志氏、カナイセイジ氏など、国際的に知名度の高いゲームデザイナーも現れ始めている。

　その一方で、ルールブックを読んでも意味不明で遊べない、アートワークはきれいだけどゲームはイマイチ、内容に比べると値段が高いというゲームも少なくなく、石のほうが圧倒的に多い玉石混交状態であることは否めない。そのためボードゲーム愛好者の中にはいくつかの失敗作に懲りて、創作ボードゲームはよほど話題にならない限り手を出さないという人もいる。

　本書は、ドイツのボードゲームジャーナリストが著したゲームデザイナーのためのガイドブックで、デザインから製品化までをトータルにサポートしている。ボードゲームを作ってみたいと考えている初心者から、「ゲームマーケット」に何度も出展しているようなベテランまで、個々の才能を十二分に発揮し、コストパフォーマンスよくボー

ドゲームを製作販売できるようになるためのヒントを与えてくれる。これを役立てて、素敵なボードゲームを世に出してほしい。

　本書の使い道としてもう一つ、ゲームデザインのノウハウのほかに意図しているのは、ドイツのボードゲーム事情を紹介することである。例えば「ドイツ年間ゲーム大賞」や「エッセン・シュピール」は日本の愛好者にも有名であるが、ゲームデザインという視点から見ると様相はだいぶ異なる。また、「アイデアを出版社に持ち込んで採用してもらう」という部分などは世界的に稀なドイツ特有の状況ではあるが、日本でもこれを見習い、デザイナーと共に出版社の評価や知名度も上がっていってほしい。

　ドイツのような製作環境は遠い道のりではなく、それに類する状況は日本でも生まれつつある。「ヤポンブランド」は日本産ゲームを海外市場に売り込むプロジェクトで、2007年から毎年「エッセン・シュピール」に出展している。出展費用を皆で分け合って負担を少なくしているだけでなく、10年以上にわたる海外出展ノウハウを蓄積しており、比較的安価・確実に自分の作品を海外に売り込むことができる。

　また「東京ドイツゲーム賞」「グループSNE公募ゲームコンテスト」といった出版社が関わるアイデアコンテストもある。ここから生まれた『枯山水』や『ソラシノビ』などのクオリティーの高さは自費出版では及ばない。さらに「アークライト・インディーズゲーム・プロジェクト」や「ホビージャパンゲーム公募」は、ゲームマーケットなどでの実績を問われるものの、製造販売を出版社の負担で行い、デザイナーにはロイヤリティが支払われるもので、ほぼドイツ仕様といってよ

い。さらに「オインクゲームズ」ではウェブサイトからゲーム持ち込みを受け付けており、今後、日本のゲームデザイナーがスキルアップしていけば、それに呼応する出版社ももっと現れることだろう。

　日本のボードゲーム業界はドイツとはまた違った展開をしているとはいえ、ゲームデザイナーの権利など、近い将来に日本においても問題になってくることも考えられる。一歩先を見据えてゲームデザインしていくために、そしてこれからの日本のボードゲーム業界で起こりうることを見越していくために、本書が大いに活用されることを望む。

小野卓也

ボードゲーム デザイナー ガイドブック
~ボードゲーム デザイナーを目指す人への実践的なアドバイス

Leitfaden für Spieleerfinder
und solche, die es werden wollen

もくじ

日本語版まえがき	003
日本における本書の使い道（訳者まえがき）	004
まえがき	010

1. デザイナーの運命 その1
なぜ間違ってしまうのか
012

2. あなたのアイデアにチャンスを！
018

3. 用語の説明
これ以降、各用語が同じものを意味するために
021

4. 「ゲーム」とは何か？
023

5. 何がボードゲームを良くするか？
034

6. どのようにして新しい
ボードゲームを「発明」するか？
043

7. 成功する見込みはあるのか？
049

8. どのようにして、アイデアから
見せられるものにするか？ ──作品
060

9. アイデアは紙から：ゲームのルール
067

10. チェック段階における試作品とルール
ゲームをテストプレイする
078

11. デザイナーの運命 その2
アイデア泥棒の心配をしない

090

12. どのようにして権利が発生するか?

094

13. 知的財産権を確保し立証する

097

14. どこに投稿するか?
評価のための申し込みは誰にどうやって?

103

15. 自費出版で少部数製作?

120

16. 全部揃った?

136

17. うわあ! 契約の申し出が来た!

143

18. ボードゲーム出版社は
いったい何をしてくれるか?

154

19. デザイナーの交流:情報交換

161

20. ニュルンベルク国際玩具メッセ

176

21. エッセン・シュピールその他のイベント

178

22. 国が変わればルールも変わる
ボードゲームをアメリカに提案する

181

23. 最後に免責事項

187

24. 役に立つテキスト集

189

訳者あとがき

197

まえがき
Vorwort

ボードゲームデザイナー業界はここ数年、重要性と認知度が目に見えて上がってきている。また、業者向けや一般向けのメッセも増え、シュピール・ヴィーズン（ドイツ・ミュンヘン）、シュピール・フェスト（オーストリア・ウィーン）といった大きなイベントから、無数の中小イベントに加えボードゲームデザイナーのための催し物も数多くある。主なものだけでもデザイナーミーティング（ドイツ・ゲッティンゲン）、国際ボードゲームインベンター・メッセ（ドイツ・ハール）、プレミオ・アルキメーデ（イタリア・ヴェネツィア）、国際ボードゲームデザイナーコンクール（フランス・ブローニュ＝ビアンクール）、ドイツボードゲームデザイナー 大会（ドイツ・ヴァイルブルク）など。各地域ではもっとたくさんの小規模な集会があり、参加者同士の連絡先と情報の交換に役立っている。ボードゲームデザイナー連盟（SAZ）のプロ化が進み、ボードゲームデザイナー 専門誌『シュピール＆アウトア』が出版されていることは、ボードゲームデザイナーのコミュニティーにとって大きな刺激となっている。

経験は少ないが驚くべき新しい創造的なアイデアを次々と思いつくボードゲームデザイナーと同じように、既存の業界にとっても専門家にとっても、本書はスタンダードなガイドとなった。第6版になったというのに品切れ状況が続き、ボードゲームデザイナーからはたくさんの反響やアドバイス、提案をいただき嬉しい限りである。彼らをはじめ、全てのプロデザイナーや豊富な経験をもつ方々、特にSAZのメンバーに対して、心から感謝したい。

とりわけラベンスバーガー社の経験豊かな編集者であるロタール・ヘム氏は、版を重ねるたびに貴重なアドバイスを下さり、この版に

おいても編集を務め、時代の変化にうまく対応して下さった。

　この版は旧版から情報が変わった部分に修正や補足を行い、新しい情報も加えた。しかしボードゲームデザイナーが必要とする基本的な知識はあまり変わっていない。

　ボードゲームは人間の営みの全てを反映している。つまりボードゲームが変化するのは、我々の生活と環境が急速に変わっているからなのだ。したがって本書の読者対象となるボードゲームデザイナーは、いつも新しい知見を得て、新しい経験を集めていくことだろう。新版執筆に際し、これまで提案や要望をいただいた全ての読者に感謝する。おかげで世の中の変化に後れを取らず、最新情報を盛り込むことができたのだから。

トム・ヴェルネック

Bayerisches Spiele-Archiv Haar e.V.
Postfach 1120
D 85529 Haar
info@spiele-archiv.de

デザイナーの運命 その1
Erfinderschicksal – erster Teil

なぜ間違ってしまうのか

　私のボードゲームデザイナーとしての出発点は、正直普通ではなかった。それまでボードゲーム関連の製作をしていなかったある出版社がひと儲けしようと考え、ボードゲームデザイナーを探していたのである。思いがけず私に声がかかり、私はビジネスパートナーと共に契約を行い、わずか数週間で二つのボードゲームを構想した。

　二つのボードゲームは初日から驚くほどよく売れた。我々のボードゲームデザイナー人生は難なくスタートできたわけである。興奮も感慨もなかったが、小遣いぐらいは稼ぐことができた。当時としては発行部数が多かったので、すぐにボードゲーム4タイトルを開発する契約を結んだ。

　パートナーは小さな事務所のデスクに向かって経理の心配をしていた。私はその間ボードゲームを考案していたが、すぐに素晴らしいアイデアが浮かんだのだ。戦術的なボードゲームである。

　チェスでは、同じ強さの軍隊が対峙する。両チームの前には均質な盤上が広がり、障害物もなければ地形上の有利不利もない。また、逆光の中で素早く移動しなければならない軍隊もいない。対して私のボードゲームは、もっと現実的なものにしたかった。山があり、その前には広い平原が広がり、山は険しく移動できるスペースがほとんどないような。攻撃側が城を攻略するか（そうすればゲームに勝利する）、あるいは城の支配者が攻撃を阻止するかである。ここまではいい。

　「フランク！」私は事務所の中でパートナーを呼んだ。「ちょっとこっちに来てくれ。新しいボードゲームができたぞ！」私はルール

を説明し、実際にプレイしてみることにした。まずフランクは城を守り、私は攻撃側となった。何度かの厳しくて賢い攻撃で、私は城を攻略した。それからすぐにゲームボードを回転し、今度はフランクが攻撃側になったが、彼が城を征服するまで長い時間はかからなかった。彼はとても満足していたようだ。というのも、すぐにこう言ったからである。「いいゲームだね。それにバランスがいい。自分が勝つこともあるし、相手が勝つこともある」。

　時刻はまだ午前10時。我々は急いでゲームボードを作り、ルールブックをプリントした。その日のうちに編集長にアイデアを説明しに行き、すぐにテストプレイを始めた。まずは編集長が城を守る側で、私は攻める側になった。厳しくて賢い手番が続いた後、私が勝利した。我々はゲームボードを反対にし、今度は彼が攻める側となった。彼が城を占領するまでそれほど時間はかからなかった。彼はたいへん満足したようで、こう語った。「いいゲームだね。それにバランスがいい。自分が勝つこともあるし、相手が勝つこともある」。

　そこで突然ドアが開き、会ったことのない出版社の人がやってきた。彼は不機嫌そうに見えたのだが、今思えば、おそらく高い給料で雇われている社員の1人として、仕事であっても全く知らない人との遊びに時間を使うのは良くないという思いがあったのだろう。にもかかわらず私は、彼にすぐテストプレイを勧めた。彼は守る側、私は攻める側。厳しくて賢い手番が続いた後、私が勝利した。我々はボードゲームを反対にし、今度は彼が攻める側となった。彼が城を占領するまでそれほど時間はかからなかった。彼はたいへん満足したようで、こう語った。「いいゲームだね。それにバランスがいい。自分が勝つこともあるし、相手が勝つこともある」。

　このようなテストプレイを6回行ったのち、このボードゲームは2万部製造され、ほどなく流通に回った。そして1週間後、出版社から1通の手紙が届いた。「お客様からの手紙を同封します。回答

をお願いします」というものだった。

その手紙は「親愛なる出版社様」から始まっていたが、どうやら我々のボードゲームに納得していない様子である。手紙の主は、もし城主がアインシュタインのような人物であっても、城を攻める側がいくら頭の悪い人物であっても城を守れる見込みはないと主張したのだ。同じプレイヤーがいつも勝ってしまうようなボードゲームは、ボードゲームではなく詐欺だからお金を返せとのことだった。その人は自分がいうような頭の悪い人物の類だったのかもしれないが、私は出版社に言葉を尽くして説明をした。また、ボードゲームを出版する際には、悪態をつく人や嘲笑する人、文句ばかり言う人たちが出ることを覚悟しておくべきだとも話した。しかし残念ながら、同封されたどの手紙も内容は同じだった。「攻撃側がいつも勝利する」と。

初版は完売となったが、新版がまだ発売されていないとき、編集者は我々を呼び出してこう言った。「友よ、このボードゲームをうまく調整してくれ。ただしゲームボードは一切変更してはならないし、ルールもあまり変更してはだめだ。でも第二版で、また攻撃側が常に勝つようだったら承知しないぞ！」

しかしこのゲームボードの第二版は、印刷時に追加の色付けが必要だった。明らかにもっとたくさんの用具も必要だったし、ルールは初版から３倍ほどに増えていた。それでも私はこのボードゲームはイケるだろうと思った。「フランク！」私は事務所で彼を呼んだ。「ちょっとこっちに来てくれ。新しいバージョンができたぞ！」まずはフランクが城を守り、私が攻撃側でプレイする。厳しくて賢い手番が続いたにもかかわらず、私は惨めにも城を落とすことに失敗してしまった。次にゲームボードを反対にし、フランクが攻める側に回ったが、私の強力な防御戦略に屈するまでに時間はかからなかった。「いいゲームだね。それにバランスがいい。自分が勝つこともあるし、相手が勝つこともある。それに攻める側ばかり勝つとは限

らないね！」

そしてすぐに編集長のところでテストプレイが行われた。攻守を交替して1ゲームずつ行い、1ゲームは彼が勝ち、もう1ゲームは私が勝った。彼はたいへん満足したようで、こう語った。「いいゲームだね。それにバランスがいい。自分が勝つこともあるし、相手が勝つこともある。それに攻める側ばかり勝つとは限らないね！」

運命のいたずらか、その瞬間またあの出版社の人がやってきた。もう我々とは顔見知りなので、不機嫌な雰囲気を隠してテストプレイにつきあってくれた。1ゲームは彼が勝ち、ボードを反対にしてもう1ゲームしたら今度は私が勝った。彼はほっとしたようにこう語った。「いいゲームだね。それにバランスがいい。自分が勝つこともあるし、相手が勝つこともある。それに攻める側ばかり勝つとは限らないね！」

このようなテストプレイを6回行った後、第二版は無事2万部製造された。やがて出版社から1通の手紙が届いた。「お客様からの手紙を同封します。回答をお願いします」というものだった。

その手紙はやはり「親愛なる出版社様」から始まっていたが、これはたいてい良いことを意味しない。手紙の主は、我々のボードゲームに納得していない様子である。というのも、彼は厚かましくも、城を攻める側が知能指数190のような人物で、城主がいくら頭の悪い人物でも、城を攻め落とせる見込みはないと主張したのだ。あとは前述の通りである。後から我々は投書に驚くべき引用を見つけた。「悪態をつく者もいれば、嘲笑する者もいる」。

思い出すたびに不愉快になるが、その後、我々は出版社と相談し、響きのよいタイトル「アタック」と名付けられたこのボードゲームを、ひっそりと葬ることに同意した。

ところがすぐに運命の時が訪れた。オランダとデンマークの出版社が全シリーズをライセンス版として出版したいと言ってきたのだ。編集者は我々を呼んでこう言った。「友よ、このボードゲームを急い

1. デザイナーの運命　その1　015

で調整してくれ。我々は完全版だけを販売できる。ラインナップに穴があれば、ライセンスを取得したほうはきっと満足しないだろう。第三版で、またいつも同じ側が勝つようだったら承知しないぞ！」

　パートナーは小さな事務所のデスクに向かって経理の心配をしていた。私はその間、この破滅的なボードゲームを作り変えていた。ここで明らかに役に立ったのは、まだ取り入れていなかった偶然の要素、すなわちダイスだった。ゲームボードがそれほど大きくなかったので、ダイスは二つ使用し、小さいほうの出目を大きいほうの出目から引いてゲームの進行をやや延ばすことにしたのである。このルール変更には、印刷時にもう一度色の変更をする必要があったし、ゲームの用具も増やさなければならなかった。ルールはゆうに２倍の長さになってしまったが、非難されたこのボードゲームは最終的には機能するものになったと思われた。

　しかし、我々はこの間に学んだのだ。不信感を抱かれるのももっともなことであると認識し、我々はゲームボードとルール20セットを、アンケートと共に友人知人に配った。そのうちの１人は特に忍耐強く、テストプレイを約60回も行い、ある戦略を考え出してくれた。結果、ダイスを入れても入れなくても10ゲーム中８回は勝つようになった。そのようなわけで我々は修復できないトラブルを回避した。たいへんな手間をかけてライセンスを取得した出版社から、デザイナーがこともあろうにこのボードゲームの権利を放棄することで納得してもらった。

　どうしてこんな一部始終を話したかって？　このような状況に陥ったのは、確かに私だけのミスによってではない。出版社はボードゲーム全体が大したものではなく、販売できないということに気付かなければならなかった。でも彼はそれに気付かなかった。第二版でも気付かなかった。この種の失敗はおそらく、大きくてしっかりとした出版社ではそう起こることではないかもしれないが、人々が働くところには誤りが起こるものである。しかもボードゲー

ム業界には小さい出版社が多く、当時の我々の出版社もそうであったように、業界に入ったばかりで全く経験値がない出版社もある。だが誤りは、そこから学ぶものがあれば役に立つのである。

　ボードゲームのデザイナーが、商業的な成功を収められる保証はない。しかしデザイナーによる以下のような誤りで、彼らの挑戦が水泡に帰すことだけは避けたいものだ。

- たやすく認識できて簡単に避けられる誤りを犯す
- 容易に手に入る情報を利用しない
- ほかの人の経験を活用しない

　ラベンスバーガー社(★1)だけでなく、ほかの出版社もそうだが、提供されるボードゲームのコンセプトは、ここ数年明らかに質が良くなってきている。ゆえにアイデアの仕上げや改良への要望は高まっているのだ。私はたくさんの価値あるアドバイスを感謝して取り上げた。出版社、有名なゲームデザイナー、またボードゲームデザイナー連盟（SAZ）、ゲームデザイナー専門誌『シュピール＆アウトア』などからのアドバイスである。この本の再版にあたりこれらを追加し、このガイドブックがたくさんの新しくて面白いアイデアと、好奇心の強いボードゲーム愛好者たちを生み出すことを切に願う。

[註]

★1 | ラベンスバーガー社
本書のオリジナル版の出版社。社名は南ドイツのラーフェンスブルク（Ravensburg）から取ったもので、本社もラーフェンスブルクにある。1884年創業。パズル、ボードゲーム、書籍を扱う総合出版社である。

あなたのアイデアにチャンスを！

Geben Sie Ihrer Idee eine Chance!

この入門書はしっかりした構成になっている。だが、あなたが全ての情報を必要としていないことはすぐ分かるだろう。結局は場合によって異なるので、全てのデザイナーが同じ情報を必要とし、同じ前提にあるのではない。だからこのガイドブックはメニューのようなものと捉えて、そこからそれぞれ必要なものを取り出し、あなたのアイデアを速やかに、かつ上手に開発していってほしい。

私はここ数年、若いデザイナーと対話してきた。その中である会話が特に心に残っている。ある女子学生が、熱のこもった楽しいエキサイティングなボードゲームを考えた。ルールは非の打ちどころがなくて分かりやすく、ゲームボードはテーマに合っており、慎重に長い時間をかけてテストプレイされていた。つまり、全てがうまくいっていた。このボードゲームをどこかの出版社に見せたらという提案をしたとき、その若い女性はやはりとても躊躇した。本当にチャンスがあるのだろうか？　これだけたくさんのボードゲームがあるところで？　経験豊かですでに成功しているデザイナーと競うことになったら？　どの出版社からも製品化の申し出が来ないのではないか？　参入障壁は、もう越えられないくらい高いのではないか？　確実に必要とされるであろう専門的な要求に対応できるのか？　自分で制作したボードゲームを初めて出版社に持ち込むデザイナーの多くが抱く、典型的な悩みである。

もちろん全ての出版社に、毎日たくさんのボードゲームが持ち込まれていないのは確かである。定評のあるデザイナーたちがおり、出版社は彼らのアイデアを特に優先して注目するのも確かである。

すでにたくさんのエキサイティングで楽しい優れたボードゲームもある。しかしボードゲーム出版社がいつも新しくて新鮮なアイデアを求めていることは、どうか忘れないでほしい。

　より良いものは、良いものの敵である。ある出版社のより良いボードゲームは、別の出版社の良いボードゲームから購買者を引き離す。しかしこれはもっと新しい、もっと良いアイデアをもつべきだというだけのことではない。もっと大切なのは、適切なアイデアを、適切なタイミングで、適切な出版社に持ち込むことである。ボードゲーム出版社は競争の圧力下にある。持続的にアイデアが流れてきて、ボードゲーム市場で持ちこたえられることを必要としている。そして非常にたくさんの持ち込みがあって、その中から適切なものを選び出せることを必要としている。

　アイデアは、机の引き出しにしまっておいてもチャンスがない。だからあなたのボードゲームに、ほかのデザイナーの作品に対抗するチャンスを与えてほしい。また私に、いつの日かあなたのアイデアを知るチャンスを与えてほしい。ある出版社によって専門的に開発され、かっこいい箱に入り、エレガントで機能的なゲームボードが付き、扱いやすい用具と精密なルールが入った、あなたのボードゲームとアイデアを！

　そうそう、あの女子学生と熱のこもった楽しくてエキサイティングなボードゲームはどうなったかというと、彼女の作り上げたストーリーはまるでメルヘンのようで、現実の話としては素晴らしすぎるほどだった。彼女は試作品をドイツ・ハールで行われた国際ボードゲームインベンター・メッセに持ち込んだ。ある出版社のボードゲーム編集者が、その試作品を彼女からすぐ受け取って車のトランクに積み込んだ。それから彼女と長い会話をしたことから、彼女がボードゲームに一生懸命で、優れた勘をはたらかせていたことが分かった。やがて彼女は出版社とデザイナー契約を結び、その会社の実習生となって、自分の試作品を市場に出せるボードゲームに改良する

ことができたのである。彼女は現在、売れっ子のボードゲーム編集者をしている。

用語の説明
Einige Begriffsklärungen

これ以降、各用語が同じものを意味するために

かつてボードゲームを製作するところは、「メーカー」とか「ボードゲームメーカー」とよく呼ばれていた。日常の何気ない言葉遣いでは時折まだそのように呼ばれているかもしれないが、これは正確ではない。純粋なボードゲーム製造は確かに制作プロセスの一部ではある。しかし傾向としてはとうの昔に、ボードゲームを開発・生産・販売する企業は、開発プロセスがさまざまであっても、ドイツでは「出版社」と理解されている。ボードゲームのデザイナーはとにかく、自分のアイデアが出版社に取り上げられ、認知されることに強い関心をもっている。結局、デザイナーは頭脳的な仕事を行っており、それは本の著者と完全に比肩しうるものである。ボードゲームでアイデアを形にするには、ボードゲームデザイナー、編集者、技術者、グラフィックデザイナーの共同作業が必要であり、これによって仕事全体がうまくいくようになっている。これは出版社的な仕事の方法である。個々のボードゲームの制作において、出版社がどの仕事を担うかは別の章で後述する。

出版社内の相談相手とは誰かという問題も、たいへん苦労するところだ。ある出版社では編集者と校閲者など専門担当者が別にいることもあるし、ほかの出版社では編集者が校閲の仕事を担当することもある。「編集者」とは一般的に新聞、雑誌、書籍、ラジオ、テレビなどの編集をする人を指すが、ボードゲーム制作においては、ゲームの開発者、プロダクトマネージメントの担当者だという人もいる。ボードゲームのアイデアを製品化する工程には、単なる生産技術的なプロダクトマネージメント以上のものがあるので、本書では出版

3. 用語の説明　021

社全体を「相談相手」と呼ぶ。時折「編集者」や「校閲者」を厳密に区別しないで使うのは、読みやすさのためである。

　また、さらに基本的、かつ重要な事柄を明らかにしなければならない。日常的にドイツではボードゲームを考案した人を「発明者（Erfinder）」と呼ぶ。そこにコンピューターゲーム、ビデオゲームの世界から最近、「ディベロッパー」や「デザイナー」という表現が打ち寄せている。私はどの表現も正確さに欠け、不適当だと思う。「発明」とは科学技術からきた概念であり、たいてい時間のかかる研究と開発の結果である。発明の知的所有権は単にデザインモデルを作成した時点から発生し、見本の制作を経て、特許取得にまで及ぶものだが、通常、ボードゲーム制作にはこの知的所有権は適用されない。したがって「ディベロッパー」と「デザイナー」という表現は、ソフトウェア製造には該当するかもしれないが、従来の意味でのボードゲーム創作活動にはふさわしくない。

　ボードゲームの作者は、本の著者に近い。彼らが保護してほしいと思っている権利は通常、何らかの機械装置（技術開発が決定的な役割を果たすもの）に対してではなく、創造的なアイデアのひらめきに対してであり、精神活動の独創性に対してである。それゆえ本書ではボードゲームの「発案者」「ディベロッパー」「デザイナー」は常に「著者」を意図して用いる。それ以外の表現を使うのはテキストを読みやすくするためか、「著者」という概念の重要性について見解をもたない人々に、それが何を意味するか理解してもらうためである（国際ボードゲームインベンター・メッセではそうしている）。

　「アイデア」「提案」「コンセプト」のような概念も、表現がワンパターンにならないように使っているだけで、いつも「著者の作品」を意図している。これらは法的に正確な表現である。作品とは本当のところ何であるかという問題については、第12章「どのようにして権利が発生するか？」を参照していただきたい。

「ゲーム」とは何か？
Was ist das – ein "Spiel"?

　「ゲーム」とは、厳密な区別のない包括的な概念である。英語は少なくとも「プレイ」と「ゲーム」を確かに区別する。しかしこの区別ですら不十分であり、我々にとって実用に耐えない。類義語辞典で「ゲーム（Spiel）」を引くと次のように出てくる。

ゲーム（Spiel）：暇つぶし、娯楽、集団遊び、トリックテイキング（★1）、トランプゲーム、退屈しのぎ、ボードゲーム、ダイスゲーム、運試しゲーム、賭博／劇場、上演、舞台作品、演劇、楽曲／スポーツ、競争、子ども遊び、容易であること、楽しみ、些細なこと、苦労のいらないこと、単純なこと／工学的な遊び、空いている道／ゲーム上に立つ＝危機に瀕している、ゲームに巻き込む＝危険にさらす／彼のゲームをする＝もてあそぶ、気まぐれに付き合う、振る舞い、面白がること、演奏、宝くじ

それから「ゲーム」を含む熟語、概念、表現には以下のようなものがある。

誠実なゲーム（ehrliches Spiel）：フェアプレイのこと

言葉を使ったゲーム（Spiel mit Worten）：二重の意味、両義性、二重の解決策、あいまいさ、不確実さ、半分の真理、二重光線、皮肉、二義語、秘密めかすこと、小うるさい文句、ウィットに富むこと、ワードゲーム、ダジャレ

ゲームに賭ける（aufs Spiel setzen）：投入する、深入りする、危険を冒す、あえて行う

いんちきゲームをする（falsches Spiel treiben）：だます

4.「ゲーム」とは何か？　023

決まらないゲーム（unentschiedenes Spiel）：引き分け、相打ち

ゲームの方法（Spielart）：変種、例外、特色、ニュアンス、選択ルール

ゲーム機（Spielautomat）：パチンコ

ゲームバンク（Spielbank）：カジノ

ゲームする（spielen）：気晴らしをする、楽しむ、面白がる、おかしがる、喜ぶ／ふざける、いちゃつく、浮気する、媚びる、からかう、何かを信じ込ませる／競争する、あえて行う、危険を冒す、ポーカーをする、くじで決める、ランダムに決める、サイコロを振る、スカート（★2）をする／歌う、出演する、従事させる、表現する、耳を澄ます、演奏する／たやすく簡単な、簡単にやってのける、苦労しない、単純な、子どもでもできる／楽しみながら、面白がりながら、喜びながら

ゲーマー（Spieler）：相場師、博打打ち、向こう見ず、ギャンブラー、賭け事好き、サイコロ振り、ゲームの鬼、遊び好き／演奏家、吟遊詩人、オルガニスト

遊戯（Spielerei）：つまらない事柄、苦労のないこと、ゲーム、道楽主義

ゲームフィールド（Spielfeld）：ゲーム部屋、ゲーム場所、スポーツ競技場、アリーナ、遊び場、サッカー競技場、テニス競技場、ローラースケート場、闘鶏場、スケートリンク、人工スケートリンク／区域、領域、地区／禁止区域、禁止圏、街区

ゲームの順序（Spielfolge）：プログラム

ゲーム友達（Spielfreund）：知人、ゲーマー

ゲームリーダー（Spielführer）：キャプテン、ディレクター

ゲームの儲け（Spielgewinn）：酒瓶からのひとくち

一番強いゲームカード（höchste Spielkarte）：エース

価値のないゲームカード（Spielkarte ohne Wert）：ふしだらな人

ゲーム会計（Spielkasse）：銭、つぼ

ゲームリーダー（Spielleiter）：添乗員、キャプテン、司会者、ディレクター、興行師

ゲーム指揮（Spielleitung）：監督

ゲームマーカー（Spielmarke）：チップ、マイクロフィルム、代用貨幣、勲章

ゲームスケジュール（Spielplan）：プログラム、レパートリー

ゲーム場所（Spielplatz）：スポーツ競技場、闘技場、レース場、休憩所、サッカー競技場、ゴルフ場、テニス競技場、ローラースケート場、スケートリンク、人口スケートリンク、子どもの遊び場、歩行者天国

ゲームスペース（Spielraum）：広がり、展開可能性、領域、移動可能性、地域、活動範囲、範囲、空いている道、自由な流れ、フィールド、自由／広がり、広さ、大きさ、自由な通行、マージン

ゲームルール違反（Spielregelverstoss）：反則

ゲームラウンド（Spielrunde）：一試合

ゲームコマ（Spielstein）：人形

ゲーム破壊者（Spielverderber）：お邪魔者、つむじ曲がり、だだをこねる人、難癖を付ける人、厄介者、機嫌が悪い人

　とりあえず辞書から引用してみたが、ここに列挙したものが全てではない。おそらくリストを2倍にしたとしても、「ゲーム」という概念に関するもの全てを収録することなどとてもできないだろう。というのもさまざまなかたちで、あらゆるところで、我々は「ゲーム」という言葉を目にするからである。研究、芸術、愛、数学、軍事、政治、宗教、劇場、科学、その他の生活表現全て……人類の営みは全て、ゲームに反映される。だからこれまでどんな賢い頭脳の持ち主であっても、「ゲーム」という概念について本当に役に立つ定義を行うことは誰もできなかったのである。

　本書で取り扱うゲームは、ファミリーゲーム、マルチプレイゲーム、ボードゲーム、箱ゲームなど、不十分な下位分類と一緒にすることはできない。唯一役に立つものは「ルールのあるゲーム」という概念であるように思う。

　「ルールのあるゲーム」という単語を分解すると、1.「ルール」と

4.「ゲーム」とは何か？　025

2.「ゲーム」になる。これをコンピューターテクノロジーと比べてみよう。ルールはソフトウェア、ゲームはハードウェアに対応する。ルールによって何のゲームであるか、ゲームがどのように進行するか、ゲームがいつ終わるか、勝者をどうやって決めるかが定められる。ゲーム自体は、ゲームボード、ダイス、タイル、コマのようなルールを実体化する用具を提供する。どちらも単独で入手できるとしても、ルールとゲームの両方がいつも必要だ。屋根裏部屋で古いゲームボードとコマを見つけたのに、箱もルールもなかったらどうなるか。ゲームとルールが別々に存在できるという問題について、例えば考古学者たちはウル王朝のゲーム (★3) やエジプトのセネトゲーム (★4) のボードを多く発掘しているが、当時のルールはもちろん入手できない。今日でもこれらのゲームにルールは存在するが、当時遊ばれていたであろう推定をもとにした再構成である。何千年も前、我々が今日想像するような方法で本当に遊ばれていたか、決して知ることはできない。同じ問題は逆にしても考えられる。チェス、ミューレ、チェッカー (★5)、バックギャモン (★6) のルールだけがあってゲームボードがどのようなものか想像できなかったらどうなるか考えてみよう。ゲームを誤りなく進行できるように、ゲームのマスを想像することができるだろうか？ 従ってルールとゲームは、一足の靴のように共にあるべきものである。

　それではルールゲームを特徴づける要素を、もう少し詳しく見ていこう。

1. ルール

　ルールはゲームの精神的な中核である。土地の境界を定め、柵のようにその土地の内側がどのようなものかを決める。ゲームにおいて外の世界は関与しないし存在しない。ルールが定めるのは、柵で囲った中、すなわち柵の内側がどうなっているかだけである。ここに奇妙な矛盾が起こる。プレイヤーによって正しいと認められた

ルールは、ほとんど法的拘束力といってよいぐらいの力をもつ。しかし誰もこの法律を認めたり、守ったりしなくてもよい。誰もゲームすることを強制されないからである。ゲームは自ら難易度を決めて選んだもの以外の何物でもなく、他人や生活環境によって設定されたものではない。ゲームに関わる人は皆、自由意志でルールに従い、ほかのプレイヤーにも誠実にルールを守って裏切らないことを期待する。裏切る者は、「間違って」カードを1枚多く取ってしまったり、「見落として」お釣りをゲーム銀行に返さなかったりというような、ちょっとした出来心のインチキぐらいなら、ゲームを破壊する者と同一視されることはない。ゲームを破壊する者は明白にかつ意図的にゲームの邪魔をして破壊し、定められた柵の外に出ていく。裏切る者はこれに対し、皆で決めたルールを承認すると言っておいて、ひそかに裏をかこうとするのだ。

　ゲームルールの内容と構成については、本書で単独の章立てをしている。

2. ゲームの目的

　目的と勝利条件は同じ場合がある。『イライラしないで（Mensch Ärgere Dich Nicht）』(★7)というゲームでは、最初に全ての自分のコマにゲームボードを一周させ、ゴールマスにたどり着かせた人が勝つ。しかしゲームの目的が勝利条件と一致しない場合も考えられる。『インジーニアス』(★8)のゲームの目的は、全ての得点マーカーを得点ボード上でできるだけ先に進めることであるが、勝者は最も進まなかったマーカーの進み方が最も良かった人である。勝利するためにプレイヤーが何をするかを記述するとき、ゲームの目的を把握するのが最も早い。

　ゲームがいくつあるかは誰も知らないが、典型的なゲームの目的は概観できる。

- 相手のコマを取る──『ミューレ』(★9) など
- 相手のプレイヤーをブロックする──『オオカミとヒツジ』(★10) など
- 揃っていないものを揃える──『リグレット』(★11) など
- コースを回る──『イライラしないで』など
- 最初にゴールにたどり着く──『ガチョウゲーム』(★12)『バックギャモン』など
- 得点やお金を集める──『モノポリー』など
- エリアを征服する──『碁』など
- 崩壊や破滅を回避する──『ジェンガ』など
- 素早く反応する──『キャッチ・ミー』(★13) など
- 何かを記憶する──『メモリー』(★14) など
- 行動や思考を評価する──『セラピー』(★15) など
- 質問に答える──『トリビアル・パースート』(★16) など
- 謎を解く──『クルード』(★17) など
- 隠れたものを見つける──『スコットランドヤード』(★18) など

　ゲームの世界は多様で、ほかにももっとゲームの目的が考えられる。一つのゲームに、いくつかのゲームの目的が組み合わせられていることもよく目にする。

3. 完全な再現の不可能性

　ゲームは根本的にほかの娯楽の形態と異なる。映画、演劇、オペラ、コンサート、書籍では観客、聴衆、読者がいる。彼らは進行に対して積極的に介入することはできないし、少なくとも介入するべきではない。演劇、オペラ、コンサートはおそらく指揮者、監督、演出家によって違ったものになるだろう。しかし原則的には、これらのプロセスはどれも定められたコードに従って行われ、変更されることはない。ある書籍では31ページを見ればいつも同じことが書いて

あり、これは一度読んでも、何度読んでも変わらない。理性ある人ならば誰も、一度解いたクロスワードを消してもう一度埋め直そうという考えには至らない。一度解いたら、もう魅力が失われるのである。

　ゲームはそうではない。前回と同じ展開になることはない。それは手番選択の複雑さや偶然、あるいはその両方の組み合わせによるものであるが、プレイヤーの行動も大きな影響を与える。プロセスが再現可能なパターンでばかり進むならば、ゲームと名乗っていてもそれはゲームではない。そのようなゲームを、批評家は「自動装置」と呼ぶ。

4. 自身の決断と偶然の割合

　偶然の要素を完全に排除したゲームは、まるで時計のように機械的に運ぶだろう。すごろくゲームで、どの目も6だけのダイスで、出た目だけ進むならば、そのゲームはひどく退屈になるだろう。これに対し、プレイヤーが全く関与することなく完全に偶然の要素で決まるゲームも、同様に感動のない自動装置の特徴をもっており、少なくとも同じくらい不毛である。決断と偶然が混合して、初めてゲームは楽しくなる。

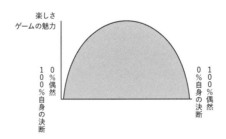

　灰色の面は、楽しさとゲームの魅力を示している。グラフの両端では、ゲームの魅力はどちらも消滅する。

5. 勝利と敗北

参加者が勝者を決めたくないならば、それはせいぜい遊戯であってゲームではない。勝者は明確に決定できなければならず、さもなければ満足できるものにならない。そのためにはある一定の基準や測るもの、その他プレイヤーが目指す結果を得点化するものが必要となる。

協力ゲームもゲームである。ゲームのメカニズムで作られた相手に対して、プレイヤーが共同で勝利できるため、ソリティアゲームと同様に、ゲームであることと矛盾しない。協力ゲームもソリティアゲームも、競争を含んでいるからである。協力ゲームではゲームがプレイヤー全員に勝つか、メンバーがゲームに勝つかのいずれかである。そしてソリティアゲームでは、プレイヤーが課題を達成するか失敗するかのいずれかである。

6. 自由、平等、友愛

フランス人が打ち出した「自由、平等、友愛」というスローガンは、ゲームのことを意図するものではなかったと思う。しかしこれらはゲームに当てはまる。人生に必要なほかのたくさんのものとは反対に、ゲームは絶対に必要なものではない。ゲームをする者は誰でも、ゲームをしたいからゲームをするのである。ゲームにおいて参加者は同じ権利をもち、勝利するチャンスも同じだけある。そして結局ゲームは、年齢、出身、学歴、ときには言語といった境界を越えて人々を結びつける力を持っている。

7. 別世界の経験と創造

多くはモデルを使って単純化するというかたちで、ゲームは現実を切り取ったものである。しかしゲームにおける変換、縮小、単純化は見かけだけであり、ゲームと「本物の」世界とのつながり方を変えるだけのものである。というのもゲームでは現実と同様、ルール

が適用され、決断をしなければならない場面があり、ほかの人の行動やコントロールできない外的な出来事や偶然にも左右され、コミュニケーションと理解が求められ、強い者が弱い者を駆逐し、未来を予想することができるが、確実に予測することはできないからだ。

　これらは全て我々がゲームに割り当てる特徴である。それにもかかわらずゲームとは何であるか、依然として手頃な定義を一文に凝縮して丁寧で分かりやすくすることができない。我々が「ゲーム」というときに意図するものが何であるか全て知っているのに、これはパラドックスである。

[註]

★1 | トリックテイキング

順番に1枚ずつカードを出し、一番強いカードを出した人が全部を取るというカードゲーム。さまざまな変形があり、ドイツではそれぞれのゲームに合わせた専用デッキが発売されるなど、幅広く親しまれている。

★2 | スカート

ドイツで一般的な3人用トリックテイキングゲーム。19世紀初頭に生まれたとされる。2対1に分かれ、単独プレイヤーが過半数のポイントを取ることを目指す。

★3 | ウル王朝のゲーム

メソポタミア文明の遺跡から発掘された20マスのゲーム盤。紀元前2600年頃の双六ゲームと推定される。

★4 | セネトゲーム

エジプトの王墓から発掘された30マスのゲーム盤。「セネト」は「通過」の意味。最も古いものは第一王朝期(紀元前3100年)の王墓から見つかっている。

★5 | チェッカー

格子状のボードでコマを斜めに移動し、相手のコマを飛び越えたらそのコマを除去するゲーム。『ドラフツ』とも。ドイツ語では『ダーメ(婦人)』と呼ばれる。10〜11世紀の南フランスが発祥。

★6 | バックギャモン

盤上の自分のコマを先に全てゴールさせることを競うゲーム。日本では『盤双六』と呼ばれ平安時代から遊ばれていた。起源については諸説あり、『セネトゲーム』がルーツだとする

4.「ゲーム」とは何か？　031

説もある。

★7 │ イライラしないで

ドイツ人なら知らない人はいない国民的ボードゲーム。盤上を一周して先に全てのコマをゴールさせることを競うが、同じマスに入ると相手のコマを振り出しに戻せる。1910年に発売され、第一次大戦中にドイツ兵士に贈られたことから一般化した。

★7 イライラしないで

★8 │ インジーニアス

六角形が二つつながったタイルを並べて、そこに描かれたシンボルを直線上に並べ得点するボードゲーム。R.クニツィアがデザインし、2004年にドイツで発売された。

★8 インジーニアス

★9 │ ミューレ

ドイツ語で「風車」を意味し、盤上でコマを移動して縦か横に3マス並べ、相手のコマを除去するゲーム。最も古いゲーム盤は紀元前1400年、エジプトで発掘されている。

★10 │ オオカミとヒツジ

8×8マスの盤上でプレイする2人用ゲーム。1人がオオカミコマ1個を、もう1人がヒツジコマ4個を担当し、オオカミは反対側にたどり着いたら勝利、ヒツジはそれを阻止できたら勝利する。

★11 │ リグレット

同時プレイでカードを色・数字でソートして中央に出すカードゲーム。1988年に発売され、現在はシュミット・シュピーレから発売されている。

★11 リグレット

★12 │ ガチョウゲーム

番号の振られたマスでガチョウたちがゴールを目指す双六ゲーム。サイコロの目で移動し、途中にはもう一度進めたり、1回休みになったりするマスがある。

★13 │ キャッチ・ミー

1人がダイスを振って、出た色のコマに素早くカップをかぶせて捕まえるリアクションゲーム。コマにはヒモが付いており、担当する人は捕まらないうちに逃がさなければならない。1945年にシュミット社から発売された。

★13 キャッチ・ミー

★14 │ メモリー

裏になったタイルをめくって同じ絵柄のペアを見つける神経衰弱ゲーム。ラベンスバーガー社が1959年以来、さまざまなテーマで発売している。

★14 メモリー

★15 │ セラピー

質問に答えてコマを集めるゲームだが、「自分はどれくらい自己中心的だと思うか」などといったプレイヤーに関する質問の予想もある。1986年にアメリカで発売された。

★16 │ トリビアル・パースート

ダイスを振って自分のコマを進め、止まったマスに指示されたジャンルのクイズを解く。1984年にアメリカで発売され、日本語版も発売されている。

★17 │ クルード

屋敷を探索して犯人の手がかりを集め、犯人を特定する推理ゲーム。1949年にアメリカで発売され、日本語版も『名探偵』『ミステリーゲーム』などのタイトルで発売されている。

★18 │ スコットランドヤード

ロンドン市内で姿を消して逃げ回る怪盗Xを捕まえるボードゲーム。1983年にラベンスバーガー社から発売され、ドイツ年間ゲーム大賞を受賞。

★15 セラピー

★16 トリビアル・パースート

★17 クルード

★18 スコットランドヤード

何がボードゲームを良くするか？

Was macht ein Spiel zu einem guten Spiel?

　この質問は、逆にしてみればいとも簡単に答えられる。好きでは
ないゲーム、繰り返し遊びたくないゲーム、無人島に唯一の娯楽と
してもっていきたいとは思わないゲームは、多くの人がいくらでも
列挙できるだろう。それにお気に入りのゲームを訊かれれば、答え
はピストルを撃つようにどんどん出てくるだろう。しかしさらに続
けて、そのゲームがどうしてそんなに好きなのか訊かれると、答え
は点滴のようにしか出てこない。おそらく同様に、ゲームを良い
ゲームにする要素は何かを列挙するのは、なぜ白いアスパラガスに
はシラーの赤ワインよりシルヴァーナーの白ワインが合うのか説明す
るのと同じぐらい難しい。

　ボードゲームの新作では、たくさんの愛好者のお気に入りとなる
までにはまだ到底至らないけれども、何か新しいことを発見する魅
力をちょっと感じさせられることがある。次に挙げるような要素を、
ボードゲームの新作が全て備えていることはまずない。しかしいく
つかの特徴的な指標は、確かに含んでいる。そして弱点は、できる
だけ少ないほうが良い。

▶ 面白い基本アイデア

　ボードゲームの新作は、新しくて独創的な基本アイデアによるも
のであるべきである。『イライラしないで』で各プレイヤーのコマを
四つではなく五つに変えて「オリジナルなアイデアです」というデザ
イナーにお金を出せる出版社など皆無だろう。そのような提案は、
そのボードゲームに興味をもたせ、どうしても欲しいと思ってもら

034　ボードゲーム デザイナー ガイドブック

えるためのものではない。

▶ 革新的な構造

革新的なゲーム進行パターンは、従来のものからプラス要素があってもよいが、必ずしもそうである必要はない。出版社は絶えず、新しくて独創的なものを探し求めている。ライバルの他社製品と差別化し、自社が目立てる製品を出版したいと思っている。他方、革新性は決定的な成功を保証するものでは決してない。それどころか全く逆になることもある。革新のあまり飛躍しすぎると、プレイヤーの大半が支持せず、そのボードゲームを拒絶してしまう。また広く普及し、販売的にも成功を収めたボードゲームが、革新性とは程遠いという例も十分にある。しかし革新的なものであれば少なくとも、出版社がデザイナーからの提案に注目してくれる可能性は高い。

▶ 明確なゲーム進行

それはちょうど、食材を正しい温度と正しい時間で煮るために、正しい量の材料を計って細部まで下ごしらえしたり、その材料とスパイスを正しい順序で鍋に入れたりしなければならないのと同じである。「ケーキ切り分け問題」でアレックス・ランドルフ（★1）は良い例を提示した。ゲームの最初に、先に配置するプレイヤーのアドバンテージを埋め合わせる方法である。すなわち2人のプレイヤーが、それぞれコマを1個ずつ置く。それから後手のプレイヤーが、どちらの色で始めたいかを選ぶ。誤解を生まない（そしてできるだけ独創的な）要素は、一連の典型的なゲーム進行に不可欠である。以下に最も大切な要素を述べる。

● 準備：揃える準備や混ぜる準備。例えばカードをシャッフルしたり仕分けたり、コマを配ったりゲームボードにマーカーを置い

たりする

- **分配**：ゲームの用具やプレイヤーの所有物を配る。全員が同じ条件でスタートしない場合もある
- **スタートプレイヤー**：どうやって決めるか？
- **スタートの順番**：初めの進め方
- **手番の順番**：全員同時と時計回り、どちらのルールに従ってプレイヤーは手番を行うのか？　決め方のルールは偶然か？　それ以外のルールか？
- **偶然を生み出す装置**：どのようにしてゲームに偶然をもたらすか？
- **移動**：どの枠組みでコマを移動させるか？
- **衝突**：どのようにして衝突に決着をつけるか？
- **取る**：どのパターンでコマを取るか？
- **征服する**：どの基準で土地やお金などを自分のものにしたり、ほかのプレイヤーから奪ったりするか？
- **得点**：どの条件で中間決算や最終決算があり、どのパターンでそれを行うか？
- **終了**：どの条件でゲームが終わるのか？
- **勝者**：どの決定ルールで勝者を決めるか？

▶ 革新的なゲーム用具

　通常、ボードゲームのパッケージの中にはコマ、ダイス、カード、マーカー、お金、メモパッドとペンといった用具が入っている。これらは何も新しいものではない。小石のコマ、磁石、鏡、プラスチック、形状記憶合金、機械や電気の装置、あらゆる種類の電気部品、布、ねじ、歯車、おもり、レバー、ろくろ、水、灯り、ビー玉、コイン、顆粒、砂、その他ボードゲームに使えるものですら新しくはない。これらは全て、すでに何らかのかたちで使われたことがある。しかし可能性は、まだ完全に汲み尽くされたわけではない。ただし使用する

ゲームの用具については、玩具安全規準に注意すること。

▶ 魅力的なゲーム用具

　草案段階のボードゲームを試すならば、即興で作った用具で十分である。しかし完成品では安価で見栄えのしないゲーム用具はあまり嬉しくない。手になじむマーカーを配置し、丈夫で安定した木製コマをボード上で移動させるほうが、陳腐なプラスチックのチップを配置し、きれいに抜けなかった紙をプラスチックのスタンドに挟み、すぐひっくり返るのにイライラするよりもずっと良い。ボードゲームの試作品はスタイリッシュな用具で作らなくても、ゲームデザイナーは少なくとも紙にどのようなアートワークを施したいのか、字を書いたり印を付けたりできる。だからといって、ゲームの用具を無理に簡略化するということでもない。ゲームデザイナーの刺激やアイデアは、豊かな土地の上に生まれるものである。

▶ サプライズ効果

　何度遊んでも全く同じ枠組みで進行するボードゲームは退屈である。良いゲームは毎回、予期していなかった驚くべき展開と状況を生み出し、プレイヤーはいろいろ対処できるようになっている。その良い例は『バックギャモン』や『チェッカー』のような古典的なボードゲームである。

▶ ゲーム進行のテンポ

　ほかのプレイヤーが手持ち無沙汰にぼんやりと過ごし、何もできない時間はできるだけ少なくするべきである。自分の手番になるまで何も決められず、自分の手番になってからやっと良い手はないか考え始められるようなボードゲームがある。その一方で自分の手番はまだ来なくても、すでに適切な手を考えておけるボードゲームもある。前のプレイヤーによって多少の計画変更があるかもしれない

5. 何がボードゲームを良くするか？　037

が、全て台無しになってしまうわけでもない。退屈な待ち時間が
ボードゲームの楽しみを凍結させるのは間違いない。

▶ インタラクション

　自分の行動がほかのプレイヤーに全く影響を与えないままで終わ
るボードゲームがある。ルーレットで私が「14」にビッドしてもしな
くても、「23」にビッドした人の成功の可能性や失敗のリスクには関
係ない。インタラクションとは、プレイヤーが勝利の可能性を上げよ
うと努力するうちに、その行動や選択肢がほかのプレイヤーに影響
を与えることをいう。インタラクションは良いボードゲームの指標で
あるとは限らない。インタラクションが少なくても、好んで遊ばれ
ているボードゲームも十分にある。だがちょっと厳しいくらいのイ
ンタラクションが楽しみを増し、プレイをよりエキサイティングにす
ることが多い。

▶ 興奮曲線

　探偵小説のように、興奮曲線が最後までもたず、多少上がったと
しても終盤に降下して終わると、ボードゲームは魅力を失う。興奮
曲線の伸び具合は、ゲームデザイナーが試作段階でよく注意して観
察し、弱いところ(すなわち急激に興奮が降下するところ)を取り除こ
う努めるべきである。ボードゲームにおいて、理想の興奮曲線とい
うものはない。良いボードゲームには興奮曲線が最後まで上がり続
けるものもあれば、小さい波や山がいくつもできるものもある。興
奮が全くないということだけは、あってはならない。

▶ キングメーカー効果

　いわゆるキングメーカー効果は、次のようにして起こる。ゲームに
勝つ可能性のほとんどない人が、自分の手番の選択によって、ほか
のプレイヤーのうち誰が勝つか決めてしまう。しかもそれに対して、

038　ボードゲーム デザイナー ガイドブック

ほかのプレイヤーは影響を与えられない。誰かがキングメーカーになった瞬間、自由意志の楽しさはなくなり、そのゲームは破綻しているといってよい。

▶ 順位が途中で決まらないこと
　ゲームを始めて少ししか経っていないのに、誰が勝つか決まってしまい、ほかのプレイヤーはその状況を変えられないとすると楽しくなくなるものである。勝つチャンスのないほかのプレイヤーはそのゲームを不当だと思うので楽しくなく、勝利が決まっているプレイヤーも心から喜ぶことができない。良いボードゲームにおいては、誰が勝つか、できるだけ先まで決まらないままであることが望ましい。誰でも基本的に同じだけ勝つチャンスがあるべきである。ただし、頂上をめぐる長い格闘の末、誰が勝者になるかが全くの偶然だけで決まってはいけない。

▶ 最後まで参加できること
　ゲームはみんな一緒に始めるものである以上、できるだけ一緒に終えるべきである。ほかのプレイヤーによってゲーム中にひとりひとり脱落し、無言の観客に格下げされると、ほかの趣味や娯楽と違うボードゲームの良さが削がれてしまう。ほかのプレイヤーができるだけ長くゲームを共にできるようにしたほうが、間違いなく良い。誰かが脱落するとしたら、少なくともゲーム終了のほんの少し前であるべきである。

▶ 同じチャンスと同じリスク
　プレイヤーがゲームを全く同じ条件で始める必要はない。しかし最初の条件が異なる場合、全員に勝利する可能性があるようにチャンスを公平に割り振るべきである。システムによって引き起こされ、不釣り合いなほど大きいアドバンテージは誰ももつべきではない。

5. 何がボードゲームを良くするか？　039

よくあるのは、先手番の人が手を進めて、後手番のプレイヤーが追いつけないような状況になるというアドバンテージである。またほかによくあるのは、先手番の人が状況の分からない中で決断しなければいけないのに対し、最終手番の人はほかのプレイヤーの選択を利用できるというものである。

▶ 決定性と一貫性

ボードゲームが作り出す偶然と自分の決断のバランスは、終始矛盾なく続くべきである。次の手番のメリットとデメリットを注意深く考えるチェスプレイヤーを想像してみよう。最後になってナイトかビショップのどちらを進めるかを、カードを引くかダイスを振るかで決めるとしたらどうだろうか？

▶ 規則性

あるアルゴリズムや決まった法則性を知っており、それに合わせてゲームを始め、それ以外の場合にも対応した手番を行える人が勝つボードゲームがある。規則性のあるボードゲームの例は『ミューレ』や、映画『去年マリエンバートで』で有名になった『ニム』(★2) である。

▶ 一義的なルール

ボードゲームのルールはゲーム進行を誤りなく規定しなければならないだけでなく、考えられる限り全ての特殊なケースを明らかにしなければならない。それは誰かが理性的なプレイをしなかった場合にのみ起こるような例外的な状況かもしれないし、そうでないかもしれない。いずれにせよはっきりしない状況になった場合、それに対する解答を示さなければならない。

▶ 敷居の低さ

『カタン』(★3) の基本ゲームがこの見本である。ボードゲームを始め

る最初のハードルを低くすることができるので、『カタン』を経験して
いれば複雑なボードゲームでも初めから怖がることがなくなる。
それに脳みそをたくさん使っただけの甲斐もある。忍耐強い編集
者も人間であり、支離滅裂なルールを苦心して読んでいればやる気
がなくなるものである。それよりも明解で分かりやすいステップを
踏んで、ゲームをすぐに始められるほうが良い。

▶ システムの破綻

　長年の間、下水が流れ込んでいる湖は、さらにもう少し下水が
入っただけで急激に生態系のバランスが崩れるという話はよく知ら
れている。欠点がなく機能するボードゲームも、稀に一点だけ全く
特別な状況になり、システム全体に破綻をきたすことがある。それ
に対してできることはただ一つ、テストプレイに限る。繰り返しテ
ストプレイしよう。そして試しに、全くオーソドックスでなく論理的
でない手をわざと打ってみるのだ。

▶ ターゲット層に見分けられること

　キッズゲームはキッズゲームとして、ファミリーゲームはファミリー
ゲームとして、愛好者向けの複雑なゲームもまさしく複雑なゲーム
として認識されるようにする。ゲーム名、見かけ、ゲームのルール、
ゲームボード、ゲームの用具がこれに当てはまる。

[註]

★1 | アレックス・ランドルフ

1922年アメリカ生まれのゲームデザイナー。代表的な作品として『ガイスター』『はげたかのえじき』『ドメモ』などがある。1961年より1968年まで日本に住み、将棋有段者として加藤一二三・九段との親交もある。2004年ヴェネツィアで逝去。

★2 | ニム

石やコインの複数の山を作り、手番にはいずれかの山から一つ以上を取って、最後に取った人が勝つ2人用ゲーム。成立は16世紀頃に遡る。

★3 | カタン

島に入植して資源を集め、村や街を作っていく開拓ゲーム。1995年に発売され、ドイツ年間ゲーム大賞を受賞。今もなお、ドイツゲームの代表格となっている。

★3 カタン

どのようにして新しい ボードゲームを「発明」するか?

Wie „erfindet" man eigentlich ein neues Spiel?

　これ以上難しい質問は、まずないだろう。ある問題に対して個人個人が対処する方法は、それぞれの考え方や行動の仕方を反映し、それぞれの性格を反映する。アルキメデスのように、自ら何かを思いついて「エウレカ!」と叫ぶ者もいれば(私はあるボードゲームを、信号が赤から青に変わるときに思いついた)、自分の身の回りの出来事を観察し、注意深く分析し、そこから単純化したモデルを構成し、紙に書き留める者もいる。その他、手探りで段々と問題の答えに近づいていく者もいる。全くの偶然に、ほかのアイデアやボードゲームのいわばリサイクル品として生まれるボードゲームもある。

　読者の皆さんは何らかのアイデアをもち、何らかのボードゲームを構想していると思う。そこから何かを実現し、できれば市場で販売したいだろう。有名になって、アイデアが評判になったり認知されたりして、その結果お金も生み出されることを望んでいると思う。

　ここでまた最初の質問が浮かんでくる。そのアイデアは本当に新しいのか? ボードゲームの車輪となるそれが、新たに発見されたものなのかどうかを、どうやって知るのか? 世の中には実にたくさんのボードゲームがある。その中で何か画期的に新しいものを見つけることは、そもそも不可能ではないのか? どのボードゲームもいわゆる「新しい」ボードゲームではなく、『ハルマ』(★1)『チェッカー』『ミューレ』『チェス』『イライラしないで』『モノポリー』の単なる焼き直しではないのか?

　あるアイデアが画期的であるか否かは、それほど重要ではない。ボードゲームを開発することは、料理のテクニックとよく比べられる。

6. どのようにして新しいボードゲームを「発明」するか?　043

料理でも画期的に新しいものはない。基本的な食材は既知のものであり、毎日のように新しいものが登場することはない。スパイスの品揃えもとうの昔から知られており、利用され尽くしている。それにもかかわらず、創造力豊かなシェフは驚くべき創作料理を提供し、既知の食材とスパイスを、従来とは異なった組み合わせや調理法で料理する。同じようにボードゲームは太古の昔からあるが、その基本アイデアに機知に富んだ手法を加え、新しい視点から見直し、ほかのゲーム原理と組み合わせることで、新しいボードゲームを生み出すことができる。『ザーガランド』(★2)がその良い例である。このボードゲームは何年も前に「ドイツ年間ゲーム大賞」に選ばれたが、『メモリー』とダイスゲームとメルヘンの組み合わせである。どれも古くて既知の要素ばかりだが、本当に新しいボードゲームとなった。

　ボードゲームのアイデアをもっている人が、ボードゲーム業界の全てを熟知していることはまずない。確かに、ボードゲームがたくさんあることは知っている。しかしその中身が何であるか、全てのことをどうして分かるだろう？　またここ数年、どんなボードゲームが発売され、短期間で再びひっそりと消えていったか、普通の愛好者では把握すらできない。

　そこで何点か、予備選考というかオリジナリティチェックを行う際のチェックポイントがある。

1.　初めに、ゲームデザイナーとして無条件かつ真摯に自問自答してみる。元となるゲームがとうの昔からよく知られているのに、それが絶版になったりして誰も元ネタが分からないだろうと思い込み、単なるコピーを提案しているのではないか？

　この目論見は常に失敗する。大きな出版社には長年にわたって開発部に在籍するボードゲームの専門家がおり、このようなボードゲームはたいていすぐフィルターに引っかかる。中小の

出版社は、もしかしたら一度は提案を受けることもあるかもしれない。しかし一旦発売されたら損害が生まれる。というのも、新作を批判的に虫眼鏡で見るボードゲームレビュアーやそのほかの業界人は実にたくさんいるからである。そのうち何人かは何百、何千というボードゲームのコレクションをもっている。その上、彼らはあらゆる種類のボードゲーム専門誌や関連書籍を所蔵している。彼らのうち誰かが絶対に、奇妙な類似性や近すぎる「借用」に気付き、あざけりを込めてゲームデザイナーや出版社を批判するだろう。実際、このようなことが過去にも幾度となくあった。また、ほかの人の権利を侵害すれば、訴訟だって起こりかねない。

2. 正直に自分自身と向き合って、冷静な自己批判をするべきである。ある競馬ゲームをゲームボードを息を呑むような美しいグラフィックにして、テーマをドッグレースに変えたところで、ゲーム進行が何も変わっていなかったら新しいゲームとはいえない。

3. ゲームデザイナーによって、好んでボードゲームに取り入れたいのに、あまり需要がないテーマがある。審判の買収が明るみになり、それについてサッカーファンがみんな基本的に怒っているところで、例えば「スタジアムの腐敗」というテーマはチャンスが少ないだろう。

4. ボードゲームがある特殊なテーマで作られるならば、そのテーマについて熟知しておくべきである。例えば川を迂回したり堰き止めたりするというテーマならば、この特殊なテーマについてよく知っているだけでなく、関連するボードゲームも探しておくべきである。

5. ボードゲームの草案をできるだけたくさんの知人や友人に見せて、ちょっとした聞き込みをすることは有益である。「これと似たボードゲームを知ってる?」——この質問は、テーマにもゲームシステムにも関連する。

6. これらの知人や友人に、そのテーマに興味があるかどうか、それに関するボードゲームがほしいかどうかも尋ねよう。

7. ボードゲームのパンフレットを研究しよう。業界では通常、それぞれのタイトルがどのような種類のボードゲームであるか短い言葉で概要を記したパンフレットが手に入る。ある特定のテーマ(例えばワードゲーム、犯罪ゲーム、自動車レース、環境、経済ゲームなど)でボードゲームの基本アイデアを考えているならば、この探索は役に立つだろう。さらに、どのボードゲーム出版社もウェブサイトをもっている。労せずして得るものなし。ボードゲームデザイナーにとって、利用可能な情報を熟知しておくことは、職人にとってのツールに等しい。少々時間や手間がかかっても、調べておくべきである。

8. 専門店の販売員に尋ねるのも有益である。一番いいのはラッシュアワー以外、すなわち午後遅めや土曜の午前中といったお店が混み合う時間帯以外である。これらの時間帯は、販売員が忙しくて神経を尖らせている。午前中早めの静かな時間帯がいいだろう。販売員がボードゲームのパッケージだけでなく中身までよく知っているという印象をもったならば、ある特定のボードゲームを探しているが、タイトルは知らないことを伝える。そしてだいたいのゲームの進め方を説明し、何を紹介してくれるか待つ。

9. インターネットは豊富な情報源である。例えばブラウザで
ちょっと「ボードゲーム」「ファミリーゲーム」などで検索するか、
ボードゲーム情報サイトの「hall9000.de」「spielbox-online.de」
「spiel-des-jahres.com」「spielen.at」「boardgamegeek.com」
を訪れるだけでよい。とても見きれないほどたくさんの掲示
板があり、愛好者やときには知識の豊富なプレイヤーと出会う
だろう。ボードゲームのネット通販は雨後の筍のように現れて
いる。これらの商品を一通り見ておくのは有益である。中には
使えそうなボードゲームの説明や、画像や動画、批評やコメント
を載せているところもある。これらの情報から、内容とボード
ゲームの進行の雛型を手に入れることができる。

まず以上の方法で、次のチェックポイントが該当することが明ら
かになったら、そのボードゲームを出版社に持ち込んだり、そのほか
の方法で市場に出したりするのは断念するべきである。

● ゲームの基本アイデアが既知である
　あるいは、
● 既知の基本アイデアの改変が、ゲームに本質的な変更をもたらし
　ていない

友人たちへの質問、玩具業界での聞き込み、インターネットでの
調査は何日もかかっても終わらない。残念ながら、本当に良くて新
しいアイデアが存在するということはなかなかないものである。し
かしそれで最初の小さな、しかしおそらくとても重要な障害が除去
される。

調査の結果、その基本アイデアが市場ではチャンスが少ないと分
かっても、すぐに捨て去ってしまう必要はない。第一に、良いアイ

デアは新しくないというだけで悪くなることはない。とても楽しい自分のボードゲームを、プライベートな仲間で楽しむのは自由である。第二に、既存のボードゲームに酷似していることは、面白くて新しい可能性を加えたり、気の利いたバリアントを作ったりできる可能性を生み出す。そんなに頻繁ではないにしても、ときには新版を作るときに改良が加えられることがあり、あなたのアイデアが取り入れられるかもしれない。専門誌『シュピールボックス』(★3) ではそのような提案を「より楽しく遊ぼう」というコーナーでよく取り上げている。こうしたかたちで公開されれば、少なくとも注目されるし、小さな名誉になるだろう。

とりわけ、ある特定のかたちではそれ以上の開発に耐えられないと分かった基本アイデアに、不断の努力で長い間開発や改造を重ねることで、最終的にそこから何か役に立つものが生まれることも少なくない。

[註]

★1 | ハルマ
格子状のボードで自分のコマを自分の陣地から対角にある陣地へ移動するゲーム。隣接するコマがあればいくつでも飛び越えて進める。1883年アメリカで発売。星形のボードでプレイする『ダイヤモンドゲーム』はこの派生型。

★2 | ザーガランド
アレックス・ランドルフがデザインしたキッズゲーム。ボード上をサイコロで移動して点在する木の下のシンボルを覚え、カードに指示されたシンボルと同じものを探す。1982年にドイツ年間ゲーム大賞受賞。

★2 ザーガランド

★3 | シュピールボックス
ドイツのボードゲーム情報誌。新作レビュー、インタビュー、コラム記事のほかに、プロモカードなどが付録する。現在は年に7回刊行されており、英語版もある。

成功する見込みはあるのか?

Was hat Erfolgsaussichten?

　婦人服のメーカーは次のシーズン、何が大きなヒット商品になるか勘をはたらかせなければならない。全てのファッション雑誌がパステルカラーでくるぶしまで届くような長さのスカートを最新の流行として紹介しているならば、派手でカラフルなミニスカートを製造する業者は、おそらく大量の在庫を抱えることになるだろう。

　ボードゲームにおいて流行の振れ方はそれほど激しくないものの、ファッションの出現はあり、波も傾向もある。たとえどこかの占い師が誤って何かをトレンドだと言ったとしても、ボードゲームのブームを追いかけるのに頭を悩ますべきではない。トレンドとは、短期的な市況やファッションの傾向とは全く別物である。それは社会状況、経済、政治の発展の方向性であり、個人、一部の大衆、あるいは大衆全体に対し、長い期間にわたって継続的に影響を与えるものである。トレンドは何年にもわたり弱いシグナルを通して知られる。電子ゲームはPC、ゲーム機、スマートフォン、タブレットと移り変わりつつ昔も今も流行しており、この波は本格的で長期的なトレンド、すなわちVR（バーチャルリアリティー）へと移行している。これに対し犯罪ゲームや探偵ゲームなどは、流行のヒット商品になったり消滅したりしており、歴史的なテーマのゲームも広がったかと思えばまた消え去っている。いわゆる「コミュニケーションゲーム」も流行ったり消えたりしているし、2人用ゲームも売れたりなくなったりしている。このようなカテゴリーは、枚挙に暇がない。

　ゲーム市場の動きが大きくなってくると、出版社がボードゲームを売り出そうとする可能性が高まる。こうして社会の発展、景気、市

7. 成功する見込みはあるのか?　049

場の活性化に支えられて、ここ数年ボードゲームは急成長してきた。もちろんボードゲーム出版社もこの成長を後追いすることになる。現在、伝統的なファミリーゲームやボードゲームの存在感は高い水準にとどまっているが、おそらくこれからゆっくり、だんだん衰退していくだろうと予想する者もいる。だから実際、何が市場で成功する見込みがあり、何がそうでないのか予言することは難しい。しかし長い間、妥当性をもってきた共通原則がいくつかある。

▶ **アブストラクトゲームは、経験的なゲームより成功の見込みが薄い**

ボードゲームはある意味、我々が住む世界を映し出す鏡である。もちろん冷静な数学的プロセスと機能も必要ではある。だが、ほとんどの人々はそういったものに関わることをあまり好まない。『アバロン』(★1) や『インジーニアス』のような例外が、かえってこの法則を証明する。それよりもずっと強いのは「人間相互のコミュニケーション」や「地球環境」というキーワードで括られるもの全てへの関心である。狩人になったり、消防士になったり、魔法使いやワニになったり、探偵になったり、王子としてお姫様を助けたりするほうが、青い石を代数学に基づいて赤い石に重ねるよりも一般的に楽しい。ボードゲーム愛好者は、何かの役割になることを好む。

しかし何らかの想像力があれば、アブストラクトゲームに納得の行くストーリーを設定してゲームの進行に命を吹き込むこともできる。その際に大切なのは、ゲームのストーリーがゲーム進行のメカニズムと合致していることである。さもなければストーリーが浮いてしまって足を引っ張ってしまうだろう。このストーリー付けは難しいが、基本構想、つまりゲームの「エンジン」とほとんど同じくらい重要である。

これに関する前例はいくつもある。ある若いゲームデザイナーが何年か前、ゲッティンゲン・ゲームデザイナー会議で魅力的なカードゲームを見せてくれた。通常のトランプを左右対称に配置するとい

うゲームである。ゲーム自体は面白かったが、試した人は皆、基本アイデアがまだ完全ではないという感触をもった。何かが足りない。1年後、彼は新しいバージョンをもってきた。トランプは宝石の描かれたタイルに代わっていた。前のバージョンのカバーではなく、左右対称を作るゲームから曲線状、つまりネックレスのゲームになっている。ストーリーはこうだ。「シバの王女のネックレスが盗まれました。宝石泥棒はそれを分けて世界中にばらまきました。そこでこの宝石飾りを再生させましょう」。これは魅力的なボードゲームではないか。冷たく抽象的な基本アイデアから、興味をもってもらえる生きたボードゲームに変換した好例である。

▶ 複数でプレイするボードゲームは、1人でプレイするものよりも成功の見込みが高い

ファミリーゲームは、1人でコツコツプレイするゲームよりも需要がある。ちょっと考えれば、ここにおいても例外がこの法則を証明しているようである。確かに『ルービックキューブ』は発売時からヒットとなり全世界が夢中になったし、今日でも熱狂的な愛好者を魅了してやまない。しかしこれは、ボードゲームではなくて玩具である。同じことが『数独』にもいえる。この種の思考問題をうまくボードゲームの箱に落とし込んだものは別として、『数独』自体はボードゲームではなくて謎解きに属し、一度解いたらその価値を失う。

▶ ゲーム内容に比してルールが複雑なものは、ゲーム内容とルールの複雑さがマッチしたものより成功の見込みが低い

次のようなボードゲームは、ルールが簡単で、すぐに始められるものであるべきだ。

- 説明が簡単で時間がかからない
- プレイヤーがゲームの進行を左右することが少ない

7. 成功する見込みはあるのか？　051

- 運の要素が自分の選択よりも本質的に強い
- 興奮して熱くなりやすい
- 部数がたくさん発行されるのにふさわしい

一方、次のようなボードゲーム（『カタン』『カルカソンヌ』(★2)『アルハンブラ』(★3) など）は、ルールがやや多く、やや複雑であってもよい。

- 運と自分の選択のバランスが取れている
- 頭脳と感情の両方に訴える
- ゲームの原理がシンプルで、豊かに分かりやすく実現されている
- 強い魅力によって広いターゲットを取り込む
- それゆえ市場で長く売れ続ける

もっと難易度の高いボードゲームでは、ルールの量がもっと多くてもよい。なぜならターゲット層には、ルール解読に取り組む心構えができているからである。この種のボードゲームの典型的な目印は次のようなものである。

- ターゲットは、日頃からボードゲームを楽しんでいるプレイヤー限定である
- 複雑でときには革新的であるが、これまでになく、慣れが必要なゲームのメカニズムをもっている
- 1ゲームをプレイするのに一晩かかることも少なくない
- ゲームの進行は、プレイヤーの選択に大きく左右される
- 勝利のために、いろいろな戦略がいくつも可能である
- 新聞やインターネットでいくら良い批評をもらっても、ゲームサークルでどんなに熱心な信奉者がいても、ボードゲーム賞による最高の評価があっても、売上につながらない

- 市場で長く売れ続けることがない

次のようなボードゲームはうまくいく見込みがない。

- シンプルなゲームなのにルールが多い
- 上記のやや複雑なグループに属するゲームで、ルールが結構入り組んでいる
- 難易度の高い戦略ボードゲームで、これからファンタジーゲームやTRPGを始めるかのようにルールブックが分厚い

　問題を把握するには、ボードゲーム出版社の立場になりさえすればよい。出版社は自社製品を業者に販売しなければならない。販売のベテランは専門業者や販売網のバイヤーに対し、自社が提供するボードゲームがよく売れ、売上が上がると確信してもらわなければならない。よって基本アイデアがシンプルで、概要をすぐ把握できるもののほうが、思考が複雑にもつれるものよりも人を引き寄せやすいといえる。バイヤーは自分自身、基本アイデアだけを理解して対応するだけでなく、販売員を通してお客さんや買い手に内容を伝えられるようにしておかなければならない。その点でシンプルなボードゲームのほうが、複雑で難易度の高いボードゲームよりもやりやすい。ルールもゲーム進行もシンプルな傾向が最近強まっているのは、インターネットからガソリンスタンドまで、ボードゲームの新しい販売形態が増えていることによる。セルフサービスのお店ではアドバイスの機会が非常に限られており、それがあってもなくても、極めて短時間で箱の見かけや説明から基本アイデアを把握することが求められる。国際的に展開する出版社は、もっと厳格にルールの規準を設定しなければならない。ドイツで複雑なルールのボードゲームがたくさんあるのは、ドイツ語圏のボードゲーム業界が世界唯一の特別なケースだからである。ほかの多くの国では、伝統的な

ボードゲームが明らかに「子どものおもちゃ」にとどまっている。

▶ 後追いは新しいアイデアよりも、市場において成功する見込みが低い

人生のどんな領域でも、自ら動き始めずに、すでに動いている列車に飛び乗るのを好む人々がいる。広告業界ではこれを「ミートゥー（私も）効果」といい、ある企業が成功に導いたものをほかの企業が後追いするときに使う。もちろんゲームデザイナーが単に運が良くて、ラインナップに犯罪ゲームがない出版社に後追いのアイデアを提案し、販売マネージャーがそのうち、ライバル他社が犯罪ゲームの製品で後追いしてこないことを嘆くということもあるかもしれない。しかし法則はそうでなく、後追いはたいてい失敗するものである。後追いは何よりも時間的な制約を受ける。出版社が大きければ大きいほど、ボードゲームが発売されるまでに時間がかかる。準備にかかる時間が１年以上というのは全く普通のことである。それゆえ流行の波に乗りたい出版社は、時間のプレッシャーが強く、時期を逃さないように公募もそこそこにして、すでに成功を収めたゲームデザイナーに相談することになる。彼らは契約の仕事を、短時間で確かにやり遂げるからである。

流行の波といえば『トリビアル・パースート』があった。根本においては原初的なこのボードゲームが、上手なマーケティングによって成功を収めるや否や、もう次から次へといろいろな出版社が列車に飛び乗ってどんどんクイズゲームを売り出した。やがてクイズゲームが市場に氾濫し、多かれ少なかれ意味のないクイズと答えが数え切れないほど現れた。列車はもう、最初のボードゲームが完成したときに発車していたのである。しまいに残ったボードゲームは、流行の波を起こしたものだけだった。これに対して後追いはお金を稼ぐこともなく、銭失いに終わったのである。

054　ボードゲーム デザイナー ガイドブック

▶ 映画、テレビ、書籍、イベントのボードゲームには問題がある

　もちろんあらゆるテレビシリーズ、オリンピック種目、世界選手権から、ローマ教皇の訪問に至るまで、それらを冠したボードゲームはある。関連ボードゲームがゆうに半ダースは発売された映画もあったが、ボードゲームの内容はどんどん貧弱になっていった。

　ライセンス契約ボードゲームの領域は、新参者にとって参入が非常に難しい。多くの場合、「その他の利用権利」は——ボードゲームはこのカテゴリーに属する——前もって制作会社、企画会社、管理会社によって管理されている。そして初演やイベントの前にはもう、まだ不十分で遊べない状態であってもゲームの基本アイデアが出来上がっている。この時点で関連ボードゲームがまだなければ、時間面で致命的である。すなわち一つのボードゲームを開発し、テストし、生産し、販売網に乗せることができるまでには時間がかかる。よくある話だが、関連ボードゲームがようやく市場に出る頃には、そのテレビシリーズがもう番組欄からなくなっていたり、映画の上映が終わっていたりする。さらに時間のプレッシャーのために、平凡なアイデアでも製品化されてしまうことがある。どんなに人気のある映画でも、関連ボードゲームがうまくいく保証はない。例えば『ハリー・ポッター』のボードゲームは、全て失敗作だったといっていい。魅力的な映画タイトルの人気も、血の通っていないボードゲームを支えることはできないのである。それどころか、あるテレビシリーズや映画の熱狂的な信奉者が同名のボードゲームに寄せる期待に応えるのは、そう容易ではない。彼らはテレビや映画の中の出来事を、ボードゲームでもう一度体験したいと思っているからである。ライセンスを受けた登場人物やテーマは、確かに潜在的な購入者の注目を集めるだろう。しかし、それに乗っかるだけでは不十分である。ボードゲームはその内容やそれ自体の品質によって、たとえセンセーショナルな登場人物なしでも存在価値があると思わせるぐらい良いものでなくてはならない。

7. 成功する見込みはあるのか？　055

もちろん商業的に成功したボードゲームの例もある。『ロード・オブ・ザ・リング』の観客が映画館を埋め尽くしていたとき、関連ボードゲームは１ダースほどもあった。至る所でこの映画タイトルのボードゲームに出くわしたが、そのうちの２〜３タイトルだけは、このライセンスのおかげでそこそこ成功したのではない。それらは内容的に納得でき、初めからすぐに遊べる内容だったのである。テレビ番組『ラープを倒せ』(★4) でも、ゲームが成功したのは主演のシュテファン・ラープが箱絵で笑っていたからだけではなく、箱の中身が納得できるものだったからである。

　ボードゲーム出版社はタイトル、名前、登場人物、ロゴの使用に対して高いライセンス料を支払わなければならないので、ゲームデザイナーへの報酬を徹底的に削減することも多い。

▶ **テレビで放送されるゲームショーのボードゲームでも、たいていは成功しない**

　観客が出演者に期待して画面に釘付けになるゲームショーの魅力を、ゲームボード上でうまく再現することはできない。カジノの興奮やムードを自宅のルーレットで再現できないのと同じである。ボードゲーム出版社のこのような努力はこれまで実にたくさんあったが、いずれも失望する結果に終わっている。そこでボードゲーム出版社は学習しているので、テレビのゲームショーの関連ボードゲームには慎重になっている。その上、もちろんここでも時間の問題がゲームデザイナーに立ちはだかる。

　稀な例外に惑わされてはいけない。テレビ番組『クイズミリオネア』の関連ボードゲームはたくさんの部数が作られたが、やがてひっそりと人目も引かずに消え去っていったのである。

▶ **スポーツのボードゲームは、成功する見込みがほとんどない**

　サッカーは皆の関心がとても高まるときがよくあり、ボードゲーム

056　ボードゲーム デザイナー ガイドブック

出版社はサッカーのボードゲームをすぐに何ダースも用意する。その
うちテニスで世界ランキングの頂上に立ったスター選手がサッカー
の人気をかっさらうと、今度はテニスのボードゲームが山のように
発売される。あるいはゴルフ人気が高まると、折り返し至る所でゴ
ルフのボードゲームが作られる。しかし、スポーツをボードゲームで
シミュレーションするのには欠点が伴う。それはダイスゲームであれ
ストラテジーゲームであれ、常に実物の不十分な複製品に過ぎない
ということである。紙のフィールド上でスキーの回転競技をしたと
ころで、晴れた寒い冬の日の躍動感あふれる滑降に代わることはな
い。微妙に力配分して正確に狙ったゴルフショットの一振りは、ダイ
スで十分に表現することができない。このことは、プロのボード
ゲーム出版社ならば買い手以上によく知っている。それにもかかわ
らず次から次へとスポーツのボードゲームが登場するのは、たいて
い小さな出版社から発売され、商業的には売上を伸ばせないからだ
とか、関連のスポーツ団体によって宣伝用やファン商品として生産
され、ボードゲームとして見れば普通はそんなに面白くないからだ
と誤解してはならない。

▶ **有名人の知名度は、たいてい過大評価される**

　税金逃れのテニススターであれ、筋肉モリモリの陸上選手であれ、
功績のあるサッカー選手であれ、金メダリストのスキー選手であれ、
彼らがボードゲームの箱に印刷されていてもほとんど役に立たない。
ボードゲーム出版社には、あるボードゲームの基本アイデアにスポー
ツ界やエンターテインメント界の有名人の肖像を付け加えるという
申し出がよく来る。しかし熱狂的なファンですら、彼らのスターが
何に載るのがふさわしくて何がふさわしくないかを知っている。単
にスポーツ選手の走りが速いからといって、歌が上手いということ
には全くならないし、ましてや信頼に足るボードゲームデザイナーで
あることになど決してならない。だから有名人の知名度は些細なも

7. 成功する見込みはあるのか？　057

のであり、ボードゲームの成功に役立つことはほとんどない。それ
どころか、彼らの輝きと名声はひっくり返りやすい。称賛されたみ
んなのお気に入り人物が将来どうなるか、誰も知らない。そのス
ターが箱に表示されたボードゲームについては、なおさら分からな
い。ボードゲーム出版社はもちろんそのような可能性を計算し、そ
のボードゲームがやがて投げ売りされるリスクを嫌う。

► TCGの全盛期はとうに過ぎ去っている
　『マジック：ザ・ギャザリング』のシステムは、世界中でセンセーショ
ナルな成功を収めた。即座に模造品がキノコが生えるように登場し
た。子どもたちのTCG（トレーディングカードゲーム）である『ポケモン』
を含め、そのようなゲームは2ダースもある。だから？　これらの
ゲームの話を聞くことはまだあるのか？

　以上のリストは、全くうまくいかないか、限られたかたちでしか
機能しない開発の方向性を示したものである。そこで問われるの
は、創造的な思考や新しい基本アイデアがいったい、まだ残ってい
るのかということである。しかし経験では、それでもなお定期的に
新しいエキサイティングなゲームが発売されている。確かに残念な
がら、確信をもって結局何が成功するか、ヒット商品になるかを予
言することは誰にもできない。しかし確実なことは、市場で成功す
る見込みは、基本アイデアが独立的で創造的であればあるほど大き
いということである。そして逆に成功する見込みが減少するのは、
すでに動いている列車に飛び乗り、すでに存在するたくさんのボー
ドゲームに何かを付け加えようとしたときである。たとえ本当に良
いゲームだったとしても、ある環境で比較でき、似たような良い
ゲームがあったならば、差異化に失敗し、長所が隠れてしまうこと
が多い。

058　ボードゲーム デザイナー ガイドブック

[註]

★1 │ アバロン

六角形のボードに白黒のマーブルを並べて対戦するボードゲーム。隣接した相手のマーブルより自分のマーブルの数が多いと押し出すことができ、相手のマーブルを規定数押し出すことを目指す。1987年発売。

★1 アバロン

★2 │ カルカソンヌ

さまざまな地形のタイルを並べて、フランスの城塞都市を作るタイル配置ゲーム。2001年にドイツ年間ゲーム大賞を受賞し、世界選手権が毎年開かれている。

★3 │ アルハンブラ

タイルを購入して並べ、宮殿の豪華さを競うタイル配置ゲーム。D.ヘンがデザインし、2003年にドイツ年間ゲーム大賞を受賞。

★2 カルカソンヌ

★4 │ ラープを倒せ

ドイツのバラエティ番組。視聴者の応募から選ばれた人が、賞金をかけてエンターテイナーのS.ラープ氏とさまざまなゲームで対戦する。同タイトルのボードゲームが2010年にコスモス社から発売された。

★3 アルハンブラ

★4 ラープを倒せ

7. 成功する見込みはあるのか？

どのようにして、アイデアから見せられるものにするか？
——作品
Wie aus der Idee etwas Vorzeigbares wird – ein Werk

　一つのボードゲームには矛盾しやすい二つの要素がある。一つは精神的な要素、すなわち創造性や機知に富んだアイデアである。もう一つはボードゲームが製品であり、商品であり、消費財であるということである。もちろんボードゲームの開発を、製品に至るまで出版社から取り上げてまでやるのは、ゲームデザイナーの仕事ではない。しかし自身のアイデアが「製品」となったものを、出版社がいくらか思い描けるくらいの最低限の状況で提案しなければならない。そのように具体的にしておくことは、「作品」が生まれ、著作者の保護が適用される条件でもある。

　あらかじめ言っておくと、コンポーネントに過剰なコストをかけても報われない。貧弱なアイデアが、美しい衣装によってごまかされることは決してないものである。ボードゲームの用具は第一に、アイデアを実際に遊べるようにするという機能を満たすものであればよい。出版社がそのアイデアを採用する場合、発売時の最終的なかたちはそこから大きく変わる可能性があるし、実際そうなることが多い。ゲームデザイナーが明確な製品イメージをもっていれば、それを送り状に書き加えてもよいだろう。

　新しいボードゲームは、プレゼンできるかたちまで精錬（せいれん）するべきだが、普通の先入観はとりあえず取り払っておくと良い。ボードのグラフィックの品質や、用具のアートワークは関係ない！　重要なのは、全く別のことである。

● アイデアはオリジナルで新しいものであること

- そのボードゲームの基本構想を、ゲームボードや用具とは別に出版社に理解してもらえること
- ついでに、ゲームデザイナーがどのような変更ができるか明らかであること

　出版社にアイデアを審査してもらうために提出するゲームボードと用具は、そのボードゲームが遊べる・試せるぐらいのアートワークにしておくべきである。完璧な完成形や費用のかかるアートワークにするのは、時間やお金を浪費するだけで、出版社の決定プロセスには経験上あまり関係がない。またイラストに過剰な費用をかけると、ゲームデザイナーがボードゲームを提案する際、出版社がイラストレーターにこれまでの手間に対してのみ費用を支払い、その上で製品化して下さいという不当な要求を突きつけることになり、自己満足に終わってしまう。不条理な要求に思われるが、そういうことは実際に起こっているのである。

　出版社に最初のコンタクトを取るには、簡単な説明があればよい。何が必要かは後述する手紙の文例にあるが、ルールと、見本の写真2〜3枚を加えれば十分である。

　PCを使える人は、画面でゲームボードを設計してみよう。テスト段階で変更が必要だと分かったら、素早く簡単に変更できる。フォーマットとしてはA4サイズちょうどか、それ以内に収まる大きさに作っておくとよい。A3サイズまで印刷できるプリンターが家庭用では少ないため、ボードは近くにあるコピーショップで印刷してもらおう。そこでは通常、ワードかパワーポイントなどのファイル形式で持ち込み、リーズナブルな価格で好きな大きさにプリントしてもらえるだろう。これを厚紙に貼り付けてテストプレイ用にする。お好みでボードを保護するためにクリアラッカーを吹き付けたり、透明保護シールを貼り付けたりしてもよい。ただし、事前に小さいボードや失敗作などで一度試しておくこと。プリントの仕方によっては、

8. どのようにして、アイデアから見せられるものにするか？ ──作品　061

ラッカーや透明シールが合わず、印刷がかすんでしまったり、すぐ色あせてしまったり、ぶちができてしまったりするだろう。透明保護シールは文房具店でメートル単位で手に入り、ボードを汚れや持ち運びから守るだけでなく、シンプルなデザインをきれいに見せることもできる。

PCでグラフィックをデザインすることができない人や慣れていない人は、もちろん手描きでボードを作ってもよい。おすすめなのは、ボードをA4、A3、A2サイズ、つまり通常のコピー用紙か、それを何倍かしたもので作ることである。それをコピーして厚紙に貼り付け、必要ならば分割する。ボードを何枚かの部分に分割して作るのも悪いことではない。ゲームボードに説明を記入することも、ときには必要である。後からでも変更できる一番容易な方法は、テキストをPCやワープロで書いてボードに貼り付けることである。コピーショップでは安価でより大きなサイズも用意しており、原版を拡大も縮小もできる。

このやり方にはいくつもメリットがある。テスト段階で変更が必要だと決まったら、変更箇所を上から貼り付けたり、最悪の場合紙ごと入れ替えたりすれば、大きな問題なく原版を修正することができる。この方法だとコストをあまりかけずに何枚もボードを作ることができ、間を空けずに何度もテスト段階を実行したり、いくつかの出版社に同時進行で相談したりすることができる。

色についても、費用はリーズナブルな範囲内に抑えるべきである。最も簡単なのはもちろん、カラープリンターで印刷することだが、カラーペンやフェルトペンなど手元にある道具でも十分間に合う。

ボードゲームでは、タイルを使って偶然の要素を加えることもよくある。だから裏面を見て、表面が何か分かってはいけない。厚紙から簡単にざっくりと切り取ったタイルでは、出っ張りや切った跡などのマーキングがあり、見る人によっては見分けられてしまう。それを避けるには普通のトランプを使えば簡単である。裏面は皆同

062 ボードゲーム デザイナー ガイドブック

じであり、表面にはあらかじめ手書き・ワープロ・PCで作った紙やラベルを貼り付ければよい。より小さいサイズが必要ならば、小型トランプを使う。「シュピールマテリアル（spielmaterial.de）」などいくつかの業者は、何も印刷されていないカードやタイル、さらには印刷用の防水用紙まで扱っている。

　ポーン、チェッカーコマ、普通のダイスなどの一般流通している用具については自分のボードゲームコレクションから取り出さなくてもよい。これらの付属品はセット包装で、大きな百貨店のおもちゃコーナーや玩具専門店で問題なく手に入る。そこで手に入らないものは全部、インターネットで豊富な品揃えがたやすく手に入る。

　通常あまり手に入らないようなコマを使う必要がある場合は、自作すれば初めに思っていたよりもおそらく少ないコストで調達できるだろう。

　ここに、いくつかの例を示す。

● 特別な形状のコマは、オーブンで焼くと固まるポリマークレイで作って色を塗るとよい。もっと簡単な方法は、チェッカーコマの口径より小さい円の紙に好きなように絵を描き、その円を切り取ってチェッカーコマに貼り付ける方法である
● コマを特に大きく見せたいならば、チェッカーコマを重ねて接着し、背の高いコマを作る
● 立体的な造形物は、レゴなどのプラスチック製ブロックを組み立てて作ると簡単である
● PCで設計するのが好きで、3Dプリンターが使える人は、必要な部品をプリンターで自作することもできる
● 百貨店や玩具専門店の工作コーナーには、ボードゲームに使えるように加工できる資材が安価で販売されている
● 特殊なダイス、特別なコマ、いろいろな大きさ・形・色のポーン、いろいろな形や特別な目のダイス、ブランクカード、菱形や六

8. どのようにして、アイデアから見せられるものにするか？──作品　063

角形に区切られたブランクマスなど、そのほかのさまざまな用具を調達するのは容易ではない。しかし「シュピールマテリアル（spielmaterial.de）」「コネクション24（connexxion24.de）」「ブレットシュピーレ・アオス・ホルツ（brettspiele-aus-holz.de）」、その他ネット通販をしているところは品揃えが豊富である

- コンポーネントがシステムに関係しているときは、機能的なモデルを作って技術的な要求を満たさなければならない。さもなければ、アイデアを試すことができない

最も重要なことは、コストをリーズナブルに抑えることである。それはすなわち、以下のようなことになる。

- ボードゲームの提案は、簡単に変更できる要素を組み合わせたものにする
- 試作品はあまり手間をかけず、再生産する場合のコストが分かるようにしておく
- どんな場合も外装や内装にあまり時間とエネルギーをかけすぎて、変更があったときに情熱を失うようなことがないようにする。経験上、そうしておかないとテスト段階や改良段階で出てきた必要な修正ができなくなってしまう

ただしアートワークは、ボードゲームの種類と合わせるようにしたほうがよい。ゲームデザイナーの宿命かもしれないが、大人向けに大きくて美しいボードゲームを届けたいという思いがあるために、例えば子ども向けならば素晴らしいであろうボードゲームに、ごてごてと装飾をしてしまいやすい。プレイヤーに大人向けのボードゲームとみなされたら、キッズゲームとして扱われる見込みはもうない。子どもに示され、適したターゲットに試してもらうことが決してないからである。

合わせるべきなのはルールとキャラクターだけでなく、キャラクターとテーマもそうである。1979年にドイツ年間ゲーム大賞に選ばれた『ウサギとハリネズミ』(★1) は、もともと純粋で商業的でない抽象的な最適化問題であり、数学者ですらも喜ばず、プレイヤーも面白がらないものだった。このアイデアを出版社に持ち込む試みは何度も失敗した。それが、見かけはゆっくりながらも前を歩いているカメを追い越すことができないアキレスのパラドックスをゲーム進行にかぶせようとゲームデザイナーがひらめいたことで一変した。そこからは自然な流れで、このボードゲームは賢いハリネズミと、何も考えずに走っている野ウサギの競争という、有名な色付けが施されることになった。

　虫(商品)が美味しいか最終的に決めるのは釣り人(売り手)ではなく、魚(お客さん)である。ゲームデザイナーだけではなく、出版社も自社製品に自信を持たなければならない。そのため出版社は持ち込み企画のほかに、さまざまな条件も考える。そこには出版社のプログラム、顧客の期待、革新性、シリーズコンセプトへの落とし込み、販売ルート、原価計算、生産、資金確保などの指標がある。ゲームデザイナーがこのような細部に注意を払わず、出版社に最初の手紙を送るときにアイデアの手直しがあることを考慮しないのは、オウンゴールになるだろう。自分が生み出したアイデアは赤ちゃんのように愛しいものだが、どんな提案があっても変更せずに維持しようと意固地になることは何にもならない。それどころか、そうすることで起こるのは無意味な障害ばかりである。非常によくあることだが、デザイナーが一度確定した自身の考えに固執したために、ボードゲームを市場に出すチャンスを失うことがある。出版社としてはボードゲームを自社のプログラムに合わせ、市場に合った価格で生産し、販売できるかたちに変えることができなければならない。

　デザイナーには頭の中に柔軟性と機転が求められる。熟練したゲームデザイナーは試作品から何ができるのかを提案し、出版社の

改変を支持する。アートワークをどのようなかたちでイメージしているか示し、出版社のマーケティング戦略に手を貸すことができる。さらに今後どのような変更や改造の可能性があるか、将来に拡張できるかをアイデアに盛り込んで示すこともできる。動かせない計画としてではなく、そのアイデアをもとにゲームづくりを考えていくためのきっかけとして提案する。長いこと集中的にそのボードゲームに取り組んでいるからこそ、ゲームデザイナーは特にこういったことをしやすい。

　出版社が変更案を考える際、開発段階で迷子にならないように気を付けよう。ここには製品化する際に再び行われる評価も含まれる。出版社がゲーム内容を採用しただけでなく、そのゲームの全体構想も採用してくれたならば、ゲームデザイナーは目的を半分達成したも同然である。というのも、アイデアには鳥を飛び立たせるインパクトや刺激がときには必要だからである。よく言われるように、インパクトは大事である。ただしそれにこだわるあまり、ゲームデザイナーがいろいろなアドバイスに抵抗するところまでいってしまってはいけない。

[註]

★1 ｜ ウサギとハリネズミ
ニンジンカードで野ウサギをゴールまで進めるボードゲーム。1マスならニンジン1本だが、2マスならニンジン3本、3マスならニンジン6本、4マスならニンジン10本と多くなり、時折後退して補充しなければならない。

★1 ウサギとハリネズミ

アイデアは紙から：ゲームのルール

Die Idee kommt aufs Papier: Die Spielregel

　家族や友人とボードゲームを遊ぶとき、そのルールを説明することは誰でもできる。それはシステマティックでなくてもよい。多くのボードゲームはとりあえず始めてみて、お試しで1ラウンドぐらい遊んで、問題が起こったときだけそれに関するルールを確認することでその内容を理解したり評価したりする。

　出版社にアイデアを持ち込みたい人は、このようなやり方を取ってはいけない。とりあえず編集者とアポイントメントを取るためだけに電話するのは無意味である。責任感の強い編集者ならば、そのような人とは関わろうとしないだろう。お金と時間をかけて出版社まで来てもらうような無理なことはいわないし、無名のゲームデザイナーがアイデアを持ち込みたいというとき、出版社が旅費を負担してくれることは期待すらできない。

　仕事を効率よくする理由から、ゲームデザイナーが初めての作品を出版社に紹介する際、次のことに留意してほしい。

- アイデアによっては、ひと目見ただけで却下されることもある。例えばその出版社が中世の権力と影響力をめぐるボードゲームをプログラムに取り上げることになっていて、デザイナーの権利を獲得し、イラストレーターと契約を結んでいたとしよう。そこにまた、中世の権力と影響力をめぐるボードゲームのアイデアが来たとしたら……

- 編集者はひと目見ただけで、提案されたアイデアが「以前の有名なゲーム」のようなもの、つまり焼き直しであったり、ノアの方舟

の掲示板にも書いてあるような古くさいアイデアであることを見
抜く

- 経験上、ゲームデザイナーが横に座っていると、必要書類に目を
通すときと比べて予備審査はずっと時間がかかる
- 個人的な連絡をしているうちに、もちろん信頼関係も出来上がる。
しかしそうすると編集者は、断るのが正当なのに明確にノーと言
いづらくなる。そのようなシチュエーションでは時として、編集者
が断りの返事を先延ばしすることになってしまう。編集者も結局
のところ人間に過ぎない。しかし決まらないまま宙吊りにしてお
くことは、ゲームデザイナーの得にならない。それよりははっきり
とノーと言ってもらったほうが、ずっと待たされた挙句、断りの
返事で終わるよりも良い

　ボードゲームはそれ自体、ゲームデザイナーの性格とは関係なく納
得できるものでなくてはならない。
　それゆえルールは、ゲームデザイナーのアイデアを伝えるものでな
ければならない。そこには二重の意味がある。

- まずボードゲームを断るか採用するかを決める編集者が、自らそ
のアイデアの品質に自信をもてるものであること。そうでなけれ
ば断りの返事をするだろう
- さらに編集者が、そのアイデアを販売員や消費者に伝えるのがど
れくらい難しいか想像できること。この理由からチェスがもし今
日発明されたとしたら、市場に出る見込みはほとんどないだろう
と関係者はいう。その新しいアイデアが買い手にも納得してもら
えるか、編集者が自信をもてなければ断りの返事をするだろう

　想定している買い手が戦略的な可能性や思考の深さを理解でき
るか疑わしい場合、編集者は、そのボードゲームを採用する責任を

引き受けたがらないものである。というのも、複雑でややこしい記述が多いためにルールを理解できるか心配になった場合、そのようなボードゲームを購入する人はいないからである。ボードゲームをもっとシンプルで、スムーズで、フラットなものと捉えている人たちの間で、そのようなボードゲームはずっと不遇な扱いを受けるだろう。彼らにとってボードゲームは子ども向きの活動であり、大人向きではない。

　こういったことは別段驚くべきことではない。それにもかかわらず、これまでたくさんの輝かしいアイデアが、クリエイター自らの不十分なルールによってチャンスを奪われてきた。

完全なルールには、以下の全てが含まれている。

- ゲームのタイトル
- ゲームの種類（思考ゲーム、戦略ゲーム、パーティーゲームなど）
- 対象とするプレイヤー人数
- 対象年齢の幅
- ゲームの平均所要時間
- 用具のリスト。説明を付けたり、写真などで示したりするのも良い
- 絶対ではないが、可能ならばそのゲームの背景となるストーリー
- ゲームの目的／ゲームのアイデアの簡単な説明
- ゲームの準備（コマを配置する、カードを仕分ける・混ぜる・配るなど）
- ゲームの進行、つまりルールの本体。できるだけ写真や例示付きで
- ゲームが終了する条件
- 勝者の決め方
- （場合によって）戦略のヒント
- （場合によって）ゲーム進行の例
- （場合によって）プレイヤー人数が異なる場合の特別ルール

9. アイデアは紙から：ゲームのルール　069

- 選択ルール。導入は慎重に
- （場合によって）上級者用ルール
- （場合によって）トーナメントルール
- クレジット。発売年、コピーライト表記や著作権、編集者の氏名、アートワーク・イラストレーション・グラフィック担当者の氏名および写真

各章に表題を入れる。

テキストについては、短く、明瞭な文章にすること。複雑でややこしい文章は避ける。

受け身文よりも通常文のほうが良い。

例えば「白いコマは縦か横に好きなだけ動かされることができ、そこで敵のコマは取られることができます」は悪い例。「白いコマは縦か横に好きなだけ動かすことができ、そこで敵のコマを取ることができます」のほうが短くて良い。

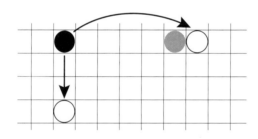

図解は、たくさんの言葉を使うよりも伝わりやすい。イラストも、たくさんの言葉の代わりになることが多い。

イラストを用意するのは誰にでもできることではない。苦労してゲームボードと用具を工作した人はおそらく、ルールに入れるイラストを全部描かなければいけないといわれたら絶望するかもしれない。しかしそういうときは、写真を切り取ってルールに貼り付けても良い。あるいはゲームボードの一部をスキャンして、ルールに挿入する。

ゲームのルールは、出版社が作るような完璧なものである必要は決してない。次の例のように、簡単で安い方法でも分かりやすくすることは可能である。

例

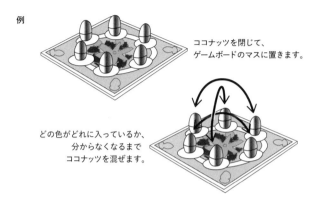

ココナッツを閉じて、
ゲームボードのマスに置きます。

どの色がどれに入っているか、
分からなくなるまで
ココナッツを混ぜます。

　完成品では一般に、上記のようにリストアップした項目が全て揃っているが、試作品では絶対に網羅しなければいけないというわけではない。例えば出版社が発売するボードゲームにおいては、箱の内容物がルールの最初にリストアップされていることは大事である。そうすることで買い手はコンポーネントが全て揃っているか確かめることができる。工業製品において欠品はつきもの。また内容物リストは移動先のゲーム会で熱狂して、用具がいろいろな箱にばらばらに入り込んでしまったときに整理するのにも役立つ。

　編集者が検討するルールもほとんど同じだが、内容物リストが必要になるのは、そうしなければルールが理解できないときに限ってでもよい。実際のところこれらの情報は、ゲームの準備かルール全体で記述する。編集者にとって内容物リストが役に立つのは、編集者がそのボードゲームを採用すると決める段になってから、生産コストの見積もりに使うためである。だから安心してコンポーネントの画像をルールの巻末に付けてもよい。

　これは技術的な記述や、アートワークのアイデアにも該当する。

ゲームに直接関係なく、ルールを不必要に膨らませているものは、別にして出版社への手紙に添付するとよい。その理由は簡単である。経験上、アマチュアが書いたルールは、理解するのに苦労する。友達のテストプレイヤーであれ出版社の編集者であれ、まずルールの長さをちょっと見て、その中に何が書いてあるかを見積もる。この最初の印象はポジティブであったほうが良い。すなわち、明瞭で、見通しが良くて、上手に章分けされた構成である。そしてできれば短く。また図解を入れて、その分言葉による説明を省く。

ルールを書く人は、人にものを教えるときの問題をクリアしなければならない。

読者はこの紙に基づいて、そのボードゲームを「学習する」。学習の目的とは、以下の通りである。

▶ そのボードゲームを知らない人が、1度だけのルール説明で内容とゲームの進め方を理解できる必要がある。彼が同じルールをほかのプレイヤーに誤りなく説明できるようにし、さらに疑いのある場合は、ルールでただちに探している個別のルールや説明を探せるようにする。
学ぶ人は、新しい知識を確かなものにしなければならない。したがってゲームルールの構成における至上命令は、首尾一貫した段階的な構成である。後述する内容を、順番を逆にして断りなく出すべきではない。

以下にもう一度、構成の本質的なポイントを列挙する。

▶ **プレイヤーの人数**
この情報はあらかじめ出しておく。それ以上の理由は必要ない。

072　ボードゲーム デザイナー ガイドブック

► ゲームの目的／ゲームのアイデアの簡単な説明

　優れた教師はまず、生徒や学生が期待していることを明らかにする。基本的に何についてのボードゲームなのか、どの目的をどの手段で達成すればよいのかを知っていれば、ルールの細部をずっと簡単にフォローできる。各章を全体の構造の中で理解するからである。

► ゲームの準備

　ゲームボードと用具は、実際のルールに飛び込む前にあらかじめ提示しておくとよい。読者はそこで、その後にルールで繰り返されることになるゲームの構造、概念、記号、用具に親しんでおくことができる。したがってまずコマを準備し、ダイスを用意し、タイルを仕分けて配り、ゲームのお金を整理して配り、その他全てを準備しておけば理解は容易になるだろう。重要なことは、いろいろなコマやさまざまな種類のタイルなど、全ての要素が見分けやすく、簡単に区別できることである。これは、とりわけ色についても当てはまる。コマやタイル、その他の用具の色は統一されており、お互いに取り違えないで区別できるものでなければならない。

► ゲームの進行

　どのようにしたらゲームの進行を一番うまく表現できるか、一般的に有効な万能薬はない。ボードゲームはどれも違うものだからである。

　ガイドラインとしては、次の基本原則に従う。明瞭で短く、見通しが良くて簡単に理解できること。

　より複雑なボードゲームではまず本質的な基本ルールだけを提示し、特別な場合は補遺の中で取り上げることが多い。

　見通しが良いことは、広い枠内に行間が狭めの2行で、キーワードと圧縮した情報を電報のように記述することで達成される。これによって読者は、ゲームの中で不明瞭なことがあったときに、全体

の進行方法を速やかに把握したり、個別の場合を調べたいときに特定の部分を見つけたりするのが容易になる。

▶ 統一された言葉の選択

ルールの中で、同じものが異なる表現で使われていると誤解を招く。あるコマをピン、石、ポーン、手番の石などと呼べば、読者がルールをちゃんと理解できないとしても不思議ではない。

▶ ゲームの終了／勝利条件

序文のゲームの目的の説明ですでに書いてあったとしても、いつ、どのような条件でゲームが終わり、どのようにして勝者を決めるのか、もう一度明確にしておくことをお勧めする。ゲームは必ずしも相手の敗北で終わるとは限らない。例えば規定数のラウンドやあらかじめ決めておいた時間をプレイしたとき、そこで得点や獲得したお金を数えることもある。また何をタイブレーカー（同点優勝の解決方法）にするのか、どうなったら引き分けに終わるのかも、ルールで決めておかなければならない。

▶（もし必要ならば）戦略のヒント

ルール説明やゲームボードだけでは、ルール上は問題なくプレイできても、何をしたらよいか分からない状況に陥ることがある。何ラウンドかのうちにプレイヤーはその状況に気付き、対応する戦略を考えることができるが、その前に完全に興味を失ってしまうかもしれない。そうやって戦略が見つけられず、つまらなくて退屈なものとして片付けられ、棚にしまわれて二度とプレイされなくなったボードゲームもあるだろう。ゲームデザイナーは、戦略のヒントを与えることで、このような欲求不満がテストプレイヤーにも編集者にも起こらないようにすることができる。ただし戦略のヒントは根本的に必要なものではない。戦略のヒントを付け加えるのは、初心者

が何度も簡単に避けられる同じ間違いを繰り返す場合だけでよい。開発段階でたくさんテストプレイを重ね、記録していればよく分かる。そうなった場合どうするかは、次章でチェックポイントシート付きで詳しく紹介しよう。

▶ （もし必要ならば）ゲーム進行の例

　複雑で抽象的なボードゲームではゲーム進行の例を加え、プレイヤーがゲーム進行を本当に理解しているか確認するのが良い。あるいはゲーム進行の例を加えるのは、戦略を具体的に説明するためである。しかしこの記述は少なめにし、そうしなければ明解でない場合に限る。ゲーム進行の例が多いと、ルールが膨らんで不格好なモンスターになってしまいやすい。

▶ プレイヤー人数が異なる場合の特別ルール

　多くのボードゲームでは、プレイヤー人数に応じて少しルール変更が行われる。そのような変更をルールの基本部分に入れると混乱するので、まず、そのボードゲームがもともと想定していた人数での完全なゲーム進行を記述しておき、人数がより多い場合やより少ない場合の変更はすべて、巻末に付け加えるのがよい。これによってルールは見通しが良くなるだろう。

　ただし、ゲームの準備でプレイヤーに配る用具が人数によって増減するだけならば、そのことは「ゲームの準備」で取り上げておけばよい。

例：各プレイヤーは自分の色のスタートマスに、以下の数の自分の
　　コマを置きます。
　　● 2人プレイの場合、各自8個ずつ
　　● 3人プレイの場合、各自5個ずつ
　　● 4人プレイの場合、各自4個ずつ

ここで注意を喚起したい。多くのボードゲームでは最適人数が決まっている。確かにそれより多くても少なくてもまあまあ楽しいかもしれないが、ゲームの流れを維持するには例外や追加ルールなどの修正が必要である。この場合、あらゆる構成をより広範囲なプレイヤー人数用に作っておいて、不必要な修正をなくすほうが良い。インタラクションやコミュニケーションの比重が大きいボードゲームは、2〜3人で遊ぶときに調整されることが多い。技術的には2〜3人でもうまく機能するが、ゲーム自体の刺激や勢いや魅力がなくなったり、純粋な戦略ゲームになったりするなど、ゲームの性質が変わるためである。したがって2〜4人用のボードゲームは、2人プレイでも3〜4人のときと同じくらいエキサイティングなものでなければならない。重要なのは、それも検査段階でチェックしておくことである。プレイヤー人数が変わったときにバランスが取れていないと編集者が気付いてからでは、修正は遅すぎることが多い。

▶ 選択ルール

　短いことは美しい。一つのアイデアにたくさんの選択ルールを加えて膨らませたくなるという誘惑は大きい。しかし実際そうすると、たいてい混乱を引き起こす。新しいボードゲームを覚えるのに必要な学習プロセスは長い。そこにさらに追加されると学ぶことが増える。また、そのボードゲームを熟知し愛しているゲームデザイナーですら一つのバージョンに決められないのであれば、プレイヤーもどのバージョンが一番良いのかを選び出すことは決してできない。おそらく編集者も、魅力的な選択ルールを選び出さなければならないという仕事を背負いたがらないだろう（ただしプレイ可能な選択ルールはメモしておこう。それがいつ必要になるか分からない）。

　ルールの形式的な部分も、整合性をもたせるべきである。

- 読みやすい文字と文字の大きさ
- ゲーム進行の区分を章に分ける
- 一貫して統一された表現、イラスト、シンボルが用具の中で一致していること
- 詳しく図解する際、対応するゲームボードや用具の関係が分かりやすいこと
- 絵とテキストの配置が合致していること
- テキストにおける色の名称が、用具と一致していること
- ゲーム進行は、できればグラフィックで表示されていること
- 重要な文言は太字などで強調する
- 後述する説明や詳細を先取りすることは、絶対に避ける
- 通し番号のページ番号をヘッダーかフッターに
- ヘッダーかフッターには、ゲームデザイナーの名前、住所、電話番号、メールアドレスとボードゲームの仮題も入れる。そうすることで、デザイナーは個別のページ修正の変更を間違いなく確認できる

9. アイデアは紙から：ゲームのルール　077

10 チェック段階における試作品とルール

Prototyp und Spielregel auf dem Prüfstand

ゲームをテストプレイする

　経験のないゲームデザイナーならほとんど皆が犯してしまう基本的な過ちがいくつかある。その中で最もいけないのは、ボードゲームを全くテストプレイしていないか、正しくしていないことである。正しいテストプレイにならないのは、ゲームデザイナーがそのボードゲームを何度か友達とプレイしたときなどである（第1章の物語を参照）。それではこの後の章が役に立たなくても驚くことではない。ボードゲームにも重大な局面がある。

　ボードゲーム出版社にボードゲームを持ち込みたければ、評価してくれる編集者にルールを確実に理解し、正しく運用してもらわなければならない。さもなければ、アイデアが最初から沈没してしまうだろう。友達や家族の中のプレイヤーがルールを読んだだけで一発で正しくプレイできるならば、編集者も大丈夫だ。

　テストプレイでは、次のような鉄の掟がある。

- ゲームデザイナーは、自分でゲームを説明してはいけない
- ゲームデザイナーは、例外的な場合を除いて一緒にプレイしない
- 2〜3回のテストプレイでは少なすぎる
- テストプレイの評価は必ず記録しておく
- ルール変更があるたびに、バージョンの番号を変えて保存する
- どんなに小さなルール変更でも、そのたびに改めて最初からテストする

　使えるルールを作っていく際に考えられる最悪のミスは、ゲーム

078　ボードゲーム デザイナー ガイドブック

デザイナーが自分でゲームを説明するときに起こる。ルール自体がチェックされないままになってしまうからである。ゲームデザイナーにとってルールは自明に見える。自明でなければ、ルールの表現を分かるように変えるだろう。しかし、だからといってどんなに理解力のある人であっても、ルールを正しく把握できるという保証はない。

古典的なミスは、ゲームが終わった後、ほかのプレイヤーに「ちょっとこのルールが分かるかどうか読んでみて下さい」といってルールを渡すことである。彼らはゲームを一度経験しているので、もうたくさんの知識をもっており、ルールが理解できるか、完全であるか評価することが全くできない。

ルールをチェックしてもらいたければ、一番いいのはプレイヤー全員にあらかじめコピーを渡しておくことである。そして以下のような場合に、その横に赤でチェック印を入れてもらう。

- 不明瞭な表現がある場合
- 前後関係が正しく理解できない場合
- 説明の順序が誤っていると思う場合
- イラストなどがほしい場合
- 何か足りないと思う場合

その際、ターゲットグループも決めなければならない。12～14歳の子どもが自分たちだけでプレイするボードゲームは、大人がチェックせず、まさに12～14歳の子どもたちだけでチェックしたほうが良い。逆もまた然りで、複雑で抽象的で分析が必要なボードゲームを小学1年生の子どもに試してもらっても意味がない。

ゲームデザイナーはテストプレイのとき、そばにいてもよいが、どんなに難しくとも、ただ観察するだけで関与しないようにするべきである。特に、何かプレイミスがあったときに介入してはいけない。

10. チェック段階における試作品とルール　079

それは結局プレイヤーのせいではなく、明確でないルールを書いた自分のせいである。どのように自分のアイデアが取り上げられ、理解されるかを学んでおこう。ここで黙っていることほど大変なことはない。しかし介入してしまえば、ゲームデザイナーが変わった戦略を試すためにテストプレイしているだけになってしまう。

　したがってゲームデザイナーは、一緒にプレイするべきでもない。自分だけ理解していることが、ネガティブにはたらくこともあるからである。自分のボードゲームをよく知っているがゆえに、自身の戦略を実行するだけのゲームになってしまう。自分が関与しなければ、テストプレイヤーは影響を受けず、先入観をもたずに自分の道を歩むことができる。その道はもしかしたらゲームデザイナーが想定していたものと全く異なるものになるかもしれない。決められた進め方に従ってプレイすると面白くて楽しいボードゲームでも、別のやり方でプレイすると予期せず崩壊し、退屈になったり、誰かが極端に有利になったりしてしまう。それをゲームデザイナーが発見できるのは、テストプレイに参加していないときである。ただしルールに沿っていろいろな方法でプレイできるように気を配り、基本的な性格は変えないことが望ましい。

　また、ゲームデザイナーは自分のアイデアの弱点を何となく分かっている。そのため無意識にそれを回避したり、隠したりしがちである。ゲームデザイナーがテストプレイすると、そのような障害は白日のもとにさらされることなく回避されてしまう。自身が一緒にプレイすると、ほかのプレイヤーが一度もほくそ笑んでいない中で自分だけイベントカードを見て死ぬほど笑ったり、アイデアの中に眠る戦略の深さに誰も思い至らなかったりするかもしれない。その戦略は正しくテストプレイした場合のみ発見される。ゲームデザイナーが自らミスを発見したほうが、持ち込んだ先の編集者が発見するよりもずっと良い。ゲームデザイナーは欠陥を取り除くことができるが、編集者はボードゲームを箱に詰めて送り返してくるだけだ。

そこでゲームの進行中に介入し、ヒントや説明を言ってしまいがちな人は、友達を1人、テストプレイの監視役にお願いするとよいかもしれない。以下に掲載したテストプレイ用紙を使えば、これを問題なく上手に進められる。

ボードゲームは2～3回通してプレイしたぐらいでは、まだ十分にテストしたとはいえない。試す人が多ければ多いほど、プレイ回数が多ければ多いほど、そのアイデアを出版社に送ったり、代理人に提出したりしたときに失敗に終わらないという自信がもてるだろう。テストプレイヤーの反応から、自分のボードゲームがロングランして繰り返しプレイしてもらえるかどうか、あるいは1～2回楽しんだだけで十分なものか推測でき、ルールは本当に理解できるか、隠れたシステムエラーがないか確認できる。

もしかしたらゲームデザイナーにとって、時間が大きな障害に見えるかもしれない。しかしテストプレイヤーのヒントはほとんど、本当に然るべき熟慮に値する。経験豊かなゲームデザイナーには、この不可欠さはよく知られている。初心者のゲームデザイナーは簡単にミスを防ぎ、自分の作品の品質を改良することができる。

テストプレイ結果は、どうしても記録しておくべきである。次のページにテストプレイ用紙を掲載してあるので、テストプレイ用にコピーしておくと手軽に使えるだろう。参加者は全員、1回1回ゲームをするたびに個々にこのような用紙に記入するとよい。

10. チェック段階における試作品とルール　081

私のテストレポート

ゲームタイトル：_____

名前：_____

年月日：_____

今回のプレイ人数：_____人

所要時間：約_____分

私の評価

1. ゲームは易しい　　　　1 2 3 4 5 6 7 8 9　難しい
2. 運の要素が強い　　　　1 2 3 4 5 6 7 8 9　プレイヤーの選択に依存する
3. ゲームは退屈だ　　　　1 2 3 4 5 6 7 8 9　楽しい
4. また遊びたいと思わない　1 2 3 4 5 6 7 8 9　思う
5. 所要時間は短すぎる　　1 2 3 4 5 6 7 8 9　長すぎる
6. アイデアは独創的でない　1 2 3 4 5 6 7 8 9　独創的だ
7. 現在のコンポーネントは
　　良くない　　　　　　1 2 3 4 5 6 7 8 9　とても良い
8. ゲームタイトルは合わない　1 2 3 4 5 6 7 8 9　合っている
9. ルールは分かりにくい　　1 2 3 4 5 6 7 8 9　分かりやすい

誰がスタートプレイヤーでしたか？　_____

誰がゲームに勝ちましたか？　_____

ゲームはどうやって終わりましたか？（勝利、引き分け、時間切れ、協議終了など）

_____

私はこのゲームを…… □ もう一度プレイしたい／□ もうプレイしたくない

私の提案：_____

より良いゲームタイトル案：_____

デザイナー記入欄

ゲームボードのバージョン：_____

ルールのバージョン：_____

何をテストするべきか？　_____

テストプレイヤーの経験度：_____

その他気付いたこと：_____

今後のテストへのヒント：_____

重要なことは、最初からゲームボードとルールにバージョン番号を記しておき、テストレポートに記入してもらうことである。そうしないと、ゲーム自体やルールに修正を施し始めるや否や、どのテストレポートがどの段階のものか分からなくなってしまう。どんなに小さな変更でも、新しいバージョンにする。

　プレイヤー人数を記入することが重要になるのは、いろいろな人数でプレイできるゲームを扱うときである。そうすることでのみ、それぞれの人数でルールがテストされたか確かめられる。３人プレイの場合、本当に４人プレイのときと同じように機能するのか判断することはできない。類推で結論することは、とても危険である。予期せぬ不愉快な出来事に対する唯一の安全対策は、テストしかない。

　段階評価するシステムは、簡単で分かりやすい。目盛りの答えたい数字に、バツ印を付ける。

１　２　３　✕　５　６　７　８　９

　あるグループのテスト用紙を比べた場合、質問１と２の回答に大きな隔たりがないほうが良い。そうでなければテストプレイヤーがターゲットグループに合っていないということである。ボードゲームをプレイするのは好きだけれども、楽しいコミュニケーションゲームやパーティーゲームに偏った趣味をもつような人々に深い戦略ゲームをテストプレイしてもらう場合など、プレイレポートが誤った情報を伝えることもある。

　質問３への回答はもちろん主観的である。テストプレイヤーは通常、ゲームデザイナーを知っており、もちろん傷つけたくないものだから、３〜５あたりに印が付いたということは、本当は容赦なく２以下だと捉えるべきである。同じことは質問４にもいえる。

　質問３と４はしかし、まだほかの状況を伝える。６〜８点の評価

をもらえたら明らかに平均以上であるが、その裏にあるものを考えるならば、この意味は「かなりいいけど完璧ではないね」以外の何物でもない。「かなりいい」というのでは十分でない。競争は激しく、ライバルは眠らない。だからもっと改良して、磨きをかけなければならないし、油断してはならない。ハードで忍耐強い仕事と、鋭い考察によって改良できないものは（ほとんど）ない。

すでに指摘したように、時間とエネルギーを無駄遣いしてプロのグラフィックデザイナーと競うべきではない。質問7はそれと矛盾するようだが、全く別の意味がある。ここで「コンポーネントが良くない」に印がついたら、プレイヤーからどのように改良したいのか、アイデアとアドバイスをどんどんもらうチャンスである。このアドバイスはメモしておいたほうが良い。製品化するときに、出版社にそのアドバイスを伝えることができる。

同じことはタイトルに関する質問にもいえる。ゲームデザイナーが自分のボードゲームに付けた名前は、あくまで仮題と捉えておく。出版社が自分のプログラムで発売する場合、その仮題を採用せず、別のタイトルを選ぶ理由はたくさんある。

例えば、

● 同名で、有名なボードゲームがすでにある

● すでに使われているタイトルと似ている（取り違える危険性と、無意味な競争を避ける）

● そのタイトルがほかの国で理解されなかったり、全く別の意味になったりする（オフロード車に「パジェロ」と名付けた自動車製造会社が、スペイン語圏で予期せぬ出来事を経験した。この名称は下ネタの不快な罵り言葉を意味していたのである）

● そのタイトルが、その出版社で使われているタイトルの系統に合わない

● そのタイトルが魅力的でない

- そのタイトルが、どんなボードゲームであるかをうまく表していない
- そのタイトルが誤った連想をさせる

　仮題についてテストプレイヤーの提案は、ボードゲームが発売される段になって使えそうなタイトルを考えるときに役に立ってくる。

　アートワークや別タイトルへの提案を出版社に伝えるのは、プロジェクトの製品化が決定したときでよい。

　ゲーム進行についてテストプレイヤーの提案は、手直しして改良することにつながる。ルールの不足がコメントにあったら改めなければならない。変更のたびに、新しいテストプレイヤーにお願いしてできるだけたくさん、記録付きで確かめる。変更の効果を確かめたいならば、全部を一度に変更するのではなく、段々と変更するほうが良い。そうすることでのみ、それぞれのパラメータがどのようにはたらき、調節ネジをどのように変えれば、ゲームがいい方向に変わるのか見つけることができる。

　ゲームデザイナーが無言の聴衆として陰に立つと、そのゲームの全体像を鳥瞰図のように観察できる。そのときは次のチェックリストを使おう。

10. チェック段階における試作品とルール　085

ボードゲームの品質チェックリスト

テストプレイの観察結果　場所：_____

プレイヤー人数：_____人

ゲームボードのバージョン：_____

ルールのバージョン：_____

1. アイデアと革新性

基本アイデアは面白い	□ はい	□ いいえ
全体構成は革新的である	□ はい	□ いいえ
既存のゲームからの飛躍は無理なく受け入れられる	□ はい	□ いいえ

2. ゲーム中の個別の進行

準備はシンプルで分かりやすい	□ はい	□ いいえ	□ 該当しない
用具や内容物の分配は手軽で分かりやすい	□ はい	□ いいえ	□ 該当しない
スタートプレイヤーが必ず決まる	□ はい	□ いいえ	□ 該当しない
スタート時の順番は手軽で分かりやすい	□ はい	□ いいえ	□ 該当しない
手番の進行は手軽で分かりやすい	□ はい	□ いいえ	□ 該当しない
運の要素を生み出すものは手軽で分かりやすい	□ はい	□ いいえ	□ 該当しない
移動の仕方は手軽で分かりやすい	□ はい	□ いいえ	□ 該当しない
対立の処理は手軽で分かりやすい	□ はい	□ いいえ	□ 該当しない
コマの取り方は手軽で分かりやすい	□ はい	□ いいえ	□ 該当しない
征服の処理は明確である	□ はい	□ いいえ	□ 該当しない
得点計算の手順は手軽で分かりやすい	□ はい	□ いいえ	□ 該当しない
ゲームの終了条件は一義的である	□ はい	□ いいえ	
勝者の決定ルールは一義的である	□ はい	□ いいえ	
サプライズの要素がある	□ はい	□ いいえ	□ 該当しない
ほかのプレイヤーが何もしない待ち時間が短い	□ はい	□ いいえ	□ 該当しない
最後まで興奮曲線が維持される	□ はい	□ いいえ	
勝利の可能性はゲーム終了直前まで残されている	□ はい	□ いいえ	
全員に勝利の可能性がある	□ はい	□ いいえ	□ 該当しない
ゲーム進行は一貫していて矛盾がない	□ はい	□ いいえ	
毎度同じ展開にならない	□ はい	□ いいえ	
システムを崩壊させる状況がない	□ はい	□ いいえ	□ 該当しない

3. プレイヤーの行動

インタラクション	□ はい	□ いいえ	□ 該当しない
キングメーカーが出ない	□ はい	□ いいえ	
全員が最後かその直前まで参加できる	□ はい	□ いいえ	□ 該当しない

4. ルールとアプローチ

ルールは一義的である	□ はい	□ いいえ	
ルールは分かりやすい	□ はい	□ いいえ	
考えられる状況を全て網羅している	□ はい	□ いいえ	□ 該当しない
手軽にゲームを始められる	□ はい	□ いいえ	

5. その他

用具が革新的だ	□ はい	□ いいえ
用具が魅力的で好ましい	□ はい	□ いいえ
ターゲットグループにぴったり合っている	□ はい	□ いいえ

そのボードゲームが本当に完成し、これ以上改良しようとしても蛇足だというところまで確信をもったならば、そのボードゲームを知らないプレイヤーで最終テストをぜひもう一度やっておいたほうが良い。

　本当に念入りにテストプレイし、欠点がなく分かりやすいルールを備えたボードゲームを出版社に送って、お断りの返事が来ても驚いてはいけない。堅実な準備作業をしたからといって、成功が保証されるとは限らない。しかし、成功するためにテストプレイは不可欠の条件である。

　この章の最後に、最終バージョンでのテストプレイの結果を記録する作業用紙「テストレポートの評価」を載せておく。ゲームのコンセプトを送るとき（テスト用紙ではなく）、この要約を添付するとよい。ここで得点を捏造しても何にもならない。編集者は経験豊富であり、その評価が堅実な仕事に基づくのか、潤色したものかを即座に見分けるだろう。ゲームデザイナーは採用されなかったアイデアから新しいゲームを創って同じ出版社に持ち込むこともあるだろうから、そのときに悪い評判にならないよう、テスト用紙は一緒に送らないほうが良い。

テストレポートの評価

仮題：＿＿＿＿＿＿＿＿＿＿＿＿＿＿＿＿＿＿＿＿＿＿＿＿＿＿＿＿＿＿

バージョン：＿＿＿＿＿＿＿＿＿＿＿＿＿＿＿＿＿＿＿＿＿＿＿＿＿＿＿

ゲームデザイナーの名前と住所：＿＿＿＿＿＿＿＿＿＿＿＿＿＿＿＿＿

このボードゲームは

1人で＿＿＿回　　平均的なプレイ時間は約＿＿＿分

2人で＿＿＿回　　平均的なプレイ時間は約＿＿＿分

3人で＿＿＿回　　平均的なプレイ時間は約＿＿＿分

4人で＿＿＿回　　平均的なプレイ時間は約＿＿＿分

5人で＿＿＿回　　平均的なプレイ時間は約＿＿＿分

6人で＿＿＿回　　平均的なプレイ時間は約＿＿＿分

＿人で＿＿＿回　　平均的なプレイ時間は約＿＿＿分

最も短いゲーム　約＿＿＿分（＿＿＿人の場合）

最も長いゲーム　約＿＿＿分（＿＿＿人の場合）

平均的な評価

1. ゲームは易しい　　　　　1 2 3 4 5 6 7 8 9　難しい
2. 運の要素が強い　　　　　1 2 3 4 5 6 7 8 9　プレイヤーの選択に依存する
3. ゲームは退屈だ　　　　　1 2 3 4 5 6 7 8 9　楽しい
4. また遊びたいと思わない　1 2 3 4 5 6 7 8 9　思う
5. 所要時間は短すぎる　　　1 2 3 4 5 6 7 8 9　長すぎる
6. アイデアは独創的でない　1 2 3 4 5 6 7 8 9　独創的だ
7. 現在のコンポーネントは
   良くない　　　　　　　　1 2 3 4 5 6 7 8 9　とても良い
8. ゲーム名は合わない　　　1 2 3 4 5 6 7 8 9　合っている
9. ルールは分かりにくい　　1 2 3 4 5 6 7 8 9　分かりやすい

スタートプレイヤーが勝利したのは＿＿＿回（全体の＿＿＿%）

誰かの勝利で終了したのは＿＿＿回（全体の＿＿＿%）

引き分けで終了したのは＿＿＿回（全体の＿＿＿%）

時間切れで終了したのは＿＿＿回（全体の＿＿＿%）

協議終了で終了したのは＿＿＿回（全体の＿＿＿%）

（パーセンテージは最後まで行われたゲーム回数に基づく）

このボードゲームには含まれていない要素で、テストプレイヤーから以下の提案があ
りました：＿＿＿＿＿＿＿＿＿＿＿＿＿＿＿＿＿＿＿＿＿＿＿＿＿＿＿＿＿＿

デザイナーの運命 その2

Erfinderschicksal – zweiter Teil

アイデア泥棒の心配をしない

何年も前のこと、第1章で紹介した事件が起こるよりずっと前、私はあるボードゲームを考案した。センセーショナルなアイデアである。ダイヤモンドゲームの一種だが、ボードの中央に島を作って途中の道を狭くし、飛び越した相手のコマはマスから取り除かれるという仕掛けを作った。ここまでは良かった。

そのボードゲームは楽しかった。自分が考えたものだから、もちろん自分が一番楽しかったが、私の家族と友達も私の感動が伝染し、何度も好んでプレイしてくれた。良いゲームだったといえるだろう。

そのうち、このボードゲームを発売しようという大胆な考えが思い浮かんだ。出版社に持ち込もう。しかしそのうち疑いも起こった。いったいどうやって持ち込むのか？ それから、どうやって誰かが私のアイデアを盗むのを防ぐか？

私は優柔不断だった。時間が経ち、いつ私のボードゲームを箱入りで遊べるのか、友達が時折聞いてきた。それは作者の知人だからだとしても、ありがたいプレゼントである。こうして私はほかに何も手に取らず、自分の作品に向かうことになった。

まず私は、愛情を込めてゲームボードを描いた。そのために高価なスケッチ用紙と、同じく高価なインクペンを買い、転写のアルファベット、カラーシート、しまいには芸術作品用の1平方メートル弱の透明保護シートも買った。コンピューター、スキャナー、カラープリンターを使えばもっと楽にできただろうが、当時はまだなかった。そのため私は何日もの間、空いている時間に黙々と仕事をした。玩具店の棚にある何千もの箱のおかげで、ゲームボードは思った通りに

090　ボードゲーム デザイナー ガイドブック

できた。

　ルールを書くのに時間はかからなかった。あちこちに打ち間違いはあったが、特に問題はなかった。

　それから私は長い真剣な手紙を書き始めた。いったい出版社を何と呼んだらいいのか？　「親愛なる出版社様」か、「拝啓　編集長様」か（というのも私は二流の編集助手に連絡を取りたくなかったからである。そのような人は私の眼中になかった）。あるいは「拝啓　紳士淑女の皆さん」か？　それもひょっとすると、経理担当者や発送担当者に手紙が開けられてしまうかもしれないから良くない。私は編集長宛てに出すことに決め、その出版社と契約を締結したいことを伝えた。最初の段階でアイデアを公開することにはためらいもあったが、弁護士にアイデアのコピーを供託（きょうたく）するなり、さらに裁判所や公証役場に供託するなり、然るべき保護手段を取ることにした。そうすれば信頼を悪用してアイデアを盗まれても、一瞬もためらわず法的手段を請求し、最後まで手を尽くせるだろう。

　このように防御措置を決めた後、自明なことながら、私はもう一度、アイデアやアートワークへのあらゆる変更には私の同意が必要であることを伝えた。またどのように報酬のかたちを考えているかも伝え、用意周到にも前払いのために私の口座番号も伝えた。

　手紙とゲームボードとルールを詰め、書留で、有名な出版社に送った。そして待った。

　何週間か後、返事を受け取った。その手紙は奇妙なほど薄く感じた。確認事項と但し書きで少なくとも10〜20ページになるはずなのに、そこには2枚の紙しか入っていない。私は震える指で手紙を開封した。

　「拝啓　ヴェルネック様」そこにはこう書いてあった。「人類の歴史では偶然の一致というものが何度もある。ライプニッツとニュートンは同時に、しかも完全に別々に微積分学を発見した。誰もほかのアイデアをコピーしていなくとも、多かれ少なかれ同じ考えが見つ

11. デザイナーの運命 その2　091

かることがある」。私のアイデアも、簡単にいえば宙に浮いたのである。ゆうに1年以上前、ライバルの応募者（この領域では競争相手のことをそう呼ぶ）が私のアイデアを大幅にカバーするボードゲームを考えていた。そのゲームのタイトルとライバルの応募者の名前、そして価格までも記載されていた。

そこでまだ注目すべき手紙の結末があった。いや、私がライバルのアイデアを借用したとは思われていない。よくあることのようである。それは「拝啓ヴェルネック様。本当に良いボードゲームを考案したら、どうかまた私たちを信頼してお問い合わせ下さい。試作品は、負担軽減のため数日中に別便で返送します……」

私はすぐさま近くの玩具店に行き、言及されたタイトルを探した。ほとんど信じがたいことだったが、そこには本当に誰かが私のアイデアを先取りしたボードゲームがあったのである。先取りされた盗作というべきか。

こんな制作者の不幸から学んだことは、私のアイデアが少しも新しくなかったことと、犯しやすいミスを私が普段から犯していたことである。

著作権に関する私の心配は典型的なものである。ゲームデザイナーと話すと、遅くとも2分後には、彼が老獪で経験豊かな野ウサギか、それともずぶの素人かを見分けることができる。詳細に権利について心配している人は、儲けなどのことはまだ考えていないものである。出版社が誠実に仕事をすれば、ゲームデザイナーは安心してつきあえる。そうする限り、権利の保証についてまとめた次の章は本当に余計なものになるだろう。

しかし滅多にないことだが、大群の中には黒いヒツジがいることもあるため、ゲームデザイナーは当然のことながら、自分の権利を用心して守りたい。用心に越したことはない。もしそういうことが起こったら、私が当時経験のなさからやってしまったような無意味で

激しい殴り合いはしないようにしよう。当時、このようなかたちで
しくじったのは私が最初ではなかったし、決して最後でもない。私
のような手紙は出版社のテーブルに毎日のように舞い込んでいる。
そしてテーブル上で引き抜かれたり、騙されたり、出し抜かれたり
するかもしれない心配があるために、ゲームデザイナーには柔軟で
なく融通が利かない人もいる。それではチャンスを逃してしまう。

　結局ゲームデザイナーは、出版社と契約を結びたいものである。
周知のように根気のいる契約用紙に、たくさんのことを盛り込むこ
とができる。しかし契約が威力をもつのは、両者の信頼関係に基づ
いているときにほかならない。ゲームデザイナーは出版社に対し、
最初の連絡によって、自分の作品に適切なアートワークを施し、ぴっ
たり合ったタイトルを付け、うまく市場に出すという信頼をもって
いることを先に知らせておこう。自分の利益ばかり優先して、出版
社と確かなコラボレーションのために必要な信頼を構築するハード
ルを無意味に上げるべきではない。

11. デザイナーの運命 その2　093

どのようにして権利が
発生するか?
Wie ein Schutzrecht entsteht

これは知的財産権の問題である。我々は確かに、特許権と実用新案権は知っている。しかし残念ながら、通常ボードゲームではこれらが適用されない。なぜなら、これらは技術的な領域での発見や手順のみを対象とするからである。ボードゲームで特許を取るとしたら、ボードゲームは何らかの技術的な手順に基づくものではないので、法律家はルールを取扱説明書として解釈することになるだろう。そうなるとルールは「作品」に不可欠な部分ではなく、単なる「人間の知性への指示」となる。これでは特許が取れず、限定された実用新案に過ぎない。

しかしそれでは「作品」とは何だろうか? すでに第3章「用語の説明」で、発明家と著者の違いを論じた。「発明家」という言葉は、特許や実用新案を生み出す技術的な方面に使われる。一方「著者」は、芸術的な方面で使われている。そうこうしているうちにボードゲームも「個人的で知的な創造」として文学、科学、芸術に連なるということは一般的な事実となった。「個人的で知的な創造」については「著作権および著作隣接権に関する法律」(著作権法、UfhG)の最初の2段落であらましが述べられている。著作権は何か届け出をすることで発生するのではなく、ある作品が作られた瞬間に自動的に発生し、著作者の死から70年後になってやっと消滅する。

しかし実際、「作品」とは保護ができるようなかたちでなければならず、単なるアイデアでは十分ではない。例えばオオアリクイがアリに向かっていくシナリオをゲームデザイナーが考えついたならば、それは素晴らしいアイデアかもしれないが、まだ具体的なボード

094 ボードゲーム デザイナー ガイドブック

ゲームではない。しかし理解できるルールとそれに合わせた用具やゲームボードがあれば、すなわち完全に具体的で機能できるゲーム進行が実現できれば、ゲームデザイナーはアイデア発明という予備段階を終えて、保護が可能な「作品」を作ったといえるのである。

　そこで問題の核心は常に、ボードゲームが「個人的で知的な成果」なのかという問題である。それは誰かがテキストを書いた場合に適用でき、剽窃することは著作権法によって禁じられている。そこで文面を少しだけ変えたらどうなるのか。「一番年下のプレイヤーから始めます」という文面を「始めるのは一番年下のプレイヤーからです」とすれば、もう新しく独立した作品となり、権利の保護が発生してしまう。しかし立法機関ではそんなに簡単な剽窃を認めない。一つや二つの言葉の選択で「個人的で知的な創作という特徴が該当する」という条文が厳密に適用されることはない。これと似たことは、ホームセンターの穿孔機の機能についての説明にも当てはまる。必ずしも自明なものではないが、明確で見通しが利いて、誤りがなくて、説明不足がなくて、簡単に理解できるとしても、それは「個人的で知的な創作」には決してならない。すなわち保護に値する「作品」ではなく、むしろ勤勉な仕事であり、単なる「人間の知性への指示」である。というのも、そういうテキストを作成する人に創作的な選択の自由はなく、その機器の操作に必要な通りに、段階的に個別の機能を論理的な順番で記述しなければならないからである。

　著作権がボードゲームに発生するのは、本当に創作的な成果がその陰にある場合だけである。『イライラしないで』にほかのタイトルを付け、ジャングルの道のデザインに変えたものは特に優れていはいないし、視覚的な表現の変更によって創造的で知的な成果と捉えられる「作品」となることもない。その「オリジナル度」は、実に取るに足らない程度である。ゲームデザイナーが、あるボードゲームを自分の考えと好みでプレイヤーの手番にいろいろな選択肢ができるように作り、これまでと似た選択肢であってもそのボードゲームが欠

陥なく機能し、ゲーム進行も確実に終了に向かうものであるならば、著作権で保護される「作品」が生まれたことになる。これまで知られたプロセスから外れて、新しく創造的なボードゲームの形態やシステムを描き出すならば、時としてボードゲームの個別の要素にも作品性が生まれる。

　出版社は契約の中で著作権を承認する。ゲームデザイナーが自分の作品の権利を出版社に移譲し、その後に権利侵害が起こったら、出版社は自身の利益のために対応する。しかしそれまでは、ゲームデザイナーが自分自身で自分の著作権に注意しておかなければならい。

知的財産権を確保し立証する

Schutzrechte sichern und beweisen

　自分の権利を確定しておきたいならば、外界、すなわち家族・友人・知人・通常のボードゲーム仲間の輪の外に作品を出す前にしておくべきである。ここで「輪」というのは、個人的な交際と信頼に基づいて安全・安心に、アイデアの盗作を心配せずにアイデアを出せる場所を指す。

　それでは、あなたのボードゲームが完成したところから始めよう。ルールに欠陥はなく、テストプレイした人は皆楽しんでくれた。中にはもう、いつ製品が手に入れられるのか尋ねてくる友人も出始めている。あなた自身、自分のアイデアをほかの人にも遊んでもらえること、そしてできることなら喜んでもらえることを望んでいる。自分のボードゲームを出版社に持ち込みたくて居ても立ってもいられないのは容易に想像できる。「創造的で知的な成果」であり、それゆえ著作権の保護を受ける作品をあなたは生み出したのだから。

　権利をもっていることと権利を手に入れることは、周知のように全く別物である。権利を手に入れていれば、問題になったとき自分の権利を証明できる。それゆえ自分のアイデアを製品化に向けて進める前に、万が一の場合に拠り所になる証拠を用意しておくとよい。係争相手が法廷で主張するとき、経験上その要求を証明できる権利書を手に入れている。著作権侵害、あるいは公正でない競争、その他の権利侵害のためにゲームデザイナーがタフに法廷手続きを行っていくには、自分の作品がある創造的で知的な特徴を、ある時点ですでに確立しているという証拠を提出できなければならない。この証拠を手に入れるには、いくつかの方法がある。

バイエルン・ボードゲーム・アーカイブ・ハール（spiele-archiv.de）は証明サービスを提供している。これは単一ユーロ決済権（SEPA）加盟国全てで通用する。それ以外の国からの送付物は受け付けていない。

まず、申込書をアーカイブに送る。手紙にはバイエルン・ボードゲーム・アーカイブ・ハールが1回払いで、発送人の口座から75ユーロを引き落とす許可証を付ける。

申込書の書き方は、後出の第24章「役に立つテキスト集」に掲載されている。そのテキストをそのまま変更せずに使うとよい。コピーして必要箇所を埋めることもできる。

アーカイブは同じ章に掲載されている雛型の手紙で返信する。ルールやゲームボードのコピーを送るのは、返信を受け取ってからにする。返信は通常すぐに送られる。ゲームデザイナーからの申込書と、それに対する確認の返信は、証拠の保管条件をゲームデザイナーとアーカイブの両者で確認するという意味がある。これは何よりも責任の問題である。

この返信を受け取ったら、証拠資料をまとめる。A4サイズを超えない大きさで、以下のものを含める。

- 日付の付いたルールのコピー
- 日付の付いたゲームボードの写真かコピー
- そのほか、用具リスト、テストプレイ用紙、概略説明書など、ボードゲームに必要な全てのもののコピーと、そのアイデアを実現する全ての用具の写真かスケッチ。どのページ・図にも日付を付けるとよい

ボードゲームをプレイできる状態で、全部同封する必要はない。これはもっぱら場合によりけりで、特殊な形状や具体的なアートワークのアイデアをある日付にすでにもっていたことを証明したい

ときに行う。したがってどのようなかたちの資料が必要かも重要ではない。紙、絵、データ媒体など、必要だと認めるものは何でも同封してよいが、証明のためには説明書、写真、スケッチで十分である。

証明書類は全て封筒に入れ、両面テープで封をし、印鑑またはサインで封かんをするとよい。忘れてはいけないのは、封筒に読みやすい字で「証明用の供託物」とメモ書きすることである。

封筒は書留でバイエルン・ボードゲーム・アーカイブ・ハールに送る。事前の申し込みなく書留を送った場合は受領されない。書留は手紙として送り、郵便小包や箱で送らないこと。

このような手続きをしておくと係争事件になった場合、ゲームデザイナーは供託しておいた資料で証明することができる。その場合、封印した書留の証明書類の内容に後からゲームデザイナーが手を加えることはできない。バイエルン・ボードゲーム・アーカイブ・ハールは裁判所に、開封したりその他の方法で改変したりしていないという保証と共に書留の証明書類を提出する。これによって書留伝票と消印によって作品が発生した時点と共に、その内容と分量が証明される。

その他に証明する方法として、上記のようにして公証人に同様の資料の管理を供託するというものがある。公証人役場ではその証明を文書化してくれる。そのため、封筒の中身は公証人がどんな件名を付ければよいか明らかにしておかなければならない。手数料は、「非訟事件の手続における料金に関する法律」、いわゆる料金法で定められており、その価値によって変動する。ゲームデザイナーがその価値を高く見積もるほど、料金も上がる。しかしこの見積もりは裁判の際、争点となる価値の根拠になりうる。すなわち価値を低く設定しすぎるとブーメランになるのである。料金は1回払いで管理期間は好きなように設定できる。これに対しバイエルン・ボードゲーム・アーカイブ・ハールは5年間だけ管理し、その後公開せずに無

効にする。5 年は十分な長さである。

専門誌『シュピール＆アウトア』は今日、ゲームデザイナーによる、ゲームデザイナーのための唯一の定期刊行誌となっている。この雑誌の中で、ゲームデザイナーはA4サイズの差し込み 1 ページにつき30ユーロの料金でゲームの説明やルールを公開することができる。

ボードゲームをこのようなかたちで公開することに意義があるかどうかは、議論の分かれるところである。大きいボードゲーム出版社には新アイデア担当の編集者がいて、この雑誌をじっくり読んでいると考えられる。ゲームデザイナーとしては出版社に自分のアイデアに興味をもってもらえる一方、公開によってオリジナルの新しい魅力を奪われるかもしれない。あるボードゲームの誕生を日付に紐付けるという話だけならば、『シュピール＆アウトア』で公開することも一つの選択肢となるだろう。

最も費用がかからず、その代わりやや効果の薄い証明方法は、手紙をバイエルン・ボードゲーム・アーカイブ・ハールではなく自分自身に送り、書留票と一緒に保管しておくことである。あるアイデアの内容物と日付を証明する必要が出た場合、その厳封した封筒を裁判所に提出する。裁判所は消印と貼り直しなどのない封筒の縁から、その封筒がどれくらい長く未開封であったかを判断する。封筒の中身の日付は、消印の日付以前であるため、主張したアイデアがこの時点ですでに完成していたということが少なくとも信頼できる。ただし原告が自ら提出した封筒が、証拠として採用されるか拒否されるかは、裁判所の自由裁量によって決まる。

特許出願はボードゲームの場合、あまり意味がない。特許が取れるのは技術的に新しく、技術の状態に進歩が見られる発見に限られる。そのボードゲームがシステム上の手続きに基づくとすれば、これに該当することもある。例えば『ルービックキューブ』は、ハンガリーの発明家エルノー・ルービック教授が当時きちんと手続きしていれば、おそらく世界中で特許を取ることができただろう。特許出願

は細かな形式によって定められている。特許の取れるボードゲームの発見をしたと思ったら、まず特許専門の弁護士を探すとよい。特許専門の弁護士は、電話帳や弁護士会で見つけられる。

　特許の許可を担当するのは、ミュンヘンにあるドイツ特許商標庁である。

　実用新案権による保護はずっと弱い。そこでは技術的な新しさではなく、技術的なアートワークやデザインが対象となる。この場合も、手間とお金をかける前に、特許専門の弁護士に相談するとよい。実用新案の登録も同じく、ドイツ特許商標庁が担当している。

　意匠権は、デザインや模様のように、美学的な印象を与え、新しく独立したものとして保護ができる、見本やモデルの具体的なアートワークに関係する。この保護は、保護範囲にまつわる小さな変更を行うことが容易であるため、多くのものをもたらさない。この意匠権がボードゲームで有効な場合は比較的稀である。そのボードゲームのライセンスを取得する出版社に任せよう。それでも意匠権を取りたいならば、同じくドイツ特許商標庁に問い合わせる。イェーナとベルリンにも支局がある。

　多かれ少なかれ、同じアイデアが同時にいくつも市場に出現することが何度もある。そのような場合はたいていアイデアの盗作ではなく、テーマ、システム、ゲームの形態が単に流行していることによる。それによって起こった問題は、たいてい平和的にみんなが満足するかたちで解決される。しかし大群の中に、たまに黒いヒツジが紛れ込んでいることは否定できない。それでもゲームデザイナーの場合、本物の盗作はどちらかといえば稀だ。何といってもゲームデザイナーは同時にプレイヤーでもある。プレイヤーはルールを守り、勝ちを目指すが、人を騙すことはしないものである。

　出版社では、アイデア盗作は完全に排除される。夕食のときにこんな会話をちょっと思い浮かべてほしい。「お父さん、今日は会社で何したの？」「あるゲームデザイナーのアイデアを盗んだよ。これ

でお父さんの勤めている会社がもっと儲かるだろう……」。馬鹿馬鹿しくないか？　ほかの皆と同じく、編集者も誠実で正直な方法でお金を稼ぎたいと思っている。そこで最も重要なことは、どんな法的な権利の保護にも関係なく、デザイナーと出版社のコラボレーションがうまくいく基本は、相互の信頼だということだ。

14

どこに投稿するか？

Wohin geht die Post?

評価のための申し込みは誰にどうやって？

　ボードゲームを評価してもらうために申し込みたかったら、誰に問い合わせるか？　基本的には二つの方法があり、完全に異なる。

▶ 出版社に個別に直接問い合わせる。

- 手紙かメールを送る
- あるいはゲッティンゲンの「ゲームデザイナー会議」やミュンヘン・ハールの「国際ボードゲームイベンター・メッセ」「ニュルンベルク玩具見本市」や「エッセン・シュピール」で個人的に編集者と相談する

▶ 代理人を通して出版社に連絡する。

　アバクス(★1)、アミーゴ(★2)、ハンス・イム・グリュック(★3)、ハイデルベルガー・ボードゲーム出版(★4)、フッフ＆フレンズ(★5)、コスモス(★6)、ペガサス(★7)、ピアトニク(★8)、クイーン(★9)、ラベンスバーガー、シュミット(★10)などのドイツ語圏を本拠とする出版社は、製品化の決定が完全に自由である。すなわち、このような企業はどのボードゲームを販売プログラムに取り入れ、どれを取り入れないか自ら決定することができる。これは、ほかの会社の傘下にある商標にも該当する。

　ハズブロ(★11)(アメリカ)、ジャンボ(オランダ)、マテル(アメリカ)のようにドイツ語圏以外の国に本拠をおく企業は、製品化の方針について本社に従わなければならない。そこにはもちろんいろいろな可能性がある。その範囲は、特別な商標に関するものならば決定の自

14. どこに投稿するか？　103

由がある程度ある場合から、販売プログラムの厳格な規準が適用される場合まで幅広い。例えばアメリカ企業の幹部は、ドイツ支社が『フレンキシェ・シュヴァイツ地方のハイキング』というようなローカル性の高いボードゲームを出版しようとしても、あまり口出ししてこない。しかしユニバーサルな内容のボードゲームは、全体の方針が適用されることが多い。その一因として、ドイツ語圏以外の国の会社のドイツ支社は多くの場合、ドイツで開発・製造されていない製品をドイツ市場に売り込むだけの販売会社だということがある。

　結局、ほかの国でのボードゲーム販売に成功している大会社がいくつかあるが、ドイツ市場では全く業務をしていないか、あるいは本当に小さい規模で業務をしており、そのためドイツでは多かれ少なかれ知名度が低い。

　出版社にボードゲームの製品化を申し込もうと思うならば、その方法は広範囲にわたるということである。

▶ ドイツの会社の決定プロセスは通常、海外に本拠を置く会社より早い。

　ドイツの出版社の業務は第一に、既存の市場としてのドイツ語圏に集中しており、それに加えて外国でも業務を行う会社もある。

▶ 最初から代理人を入れない場合、比較的大きな外国の会社のドイツ支社は、申し込まれたボードゲームをグループ専用の製造管理部に送り、そこで製品化が検討される。その道は当然長く、途中でゲームデザイナーが直接連絡してもあまりよく対応してくれない。支社によっては初めに大まかなふるい分けをするところもあるし、持ち込まれたものの中身を見ずに本社にそのまま送るところもある。事前の依頼なしに申し込まれたものは、現地での販売会社が中身を見ないでゲームデザイナーに返送するという対応もある。そういう

ときは、添えられた形式的な手紙から興味をもってもらえなかったと察するか、あるいは基本的に無名のゲームデザイナーからの申し込みは受け付けていないという通知を目にするかのどちらかである。ハズブロ社ではそれに加えて、ボードゲーム製品化の申し込みはゲームデザイナーと企業の間に立つ代理人に行うようお願いしている。

したがって大きな外国の出版社とビジネスをする道は長く険しく、困難が多い。しかしこれらの会社に申し込むことの長所は、もしそのボードゲームが販売プログラムに取り入れられたら、たくさんの部数を販売できることである。

▶ 自国の市場にない企業に連絡を取って意味があるのは、自国以外の文化環境下で受け入れられるボードゲームの場合だけである。例えばパブのダーツ選手権を内容とするボードゲームは、もしかしたらイギリスのボードゲーム会社が取り上げてくれるかもしれないが、ドイツではまず見込みがないだろう。ダーツのルールや、パブがイギリス人の生活でどのような役割を果たしているかドイツでは誰が知っているだろう？

どの会社にボードゲームを申し込んだらいいか、決まったルールはない。しかし基本的に考えておくことがいくつかあり、出版社によっては努力が骨折り損になるので相談しないほうが良いこともある。

▶ 自分自身が何年も前から注意深く新作を追いかけ、それによってそれぞれの会社やその製品ラインナップをよく知っているならば、まず各社が何を販売プログラムに入れているか見回してみよう。そこから各社がどのような種類のボードゲームを受け入れ、どのよう

14. どこに投稿するか？　105

なものを販売プログラムに取り入れていないのか読み取ることができる。例えば協力ゲームに特化している出版社があるとしたら、攻撃的なボードゲーム、戦争の内容をもつボードゲームは採用してもらえないだろう。支配をテーマにしたボードゲームを提案したいならば、そのような出版社には送らないほうが送料の節約になる。

だから自分のアイデアが、販売プログラムに合う出版社を選ぼう。人生でもよくあることだが、虫（ボードゲーム）の美味しさを決めるのは魚（出版社）であって釣り人（デザイナー）ではないという法則がある。あなたがゲームデザイナーとして出版社の中に理想の相手を見つけるということではなく、あくまで出版社がそのボードゲームを気に入ってくれて、もしかしたらプログラムに引き受けてくれるかもしれないということなのだ。

▶ その後考えるべきことは、申し込んだ作品がその出版社でその他の理由から絶対に座礁しないかどうかである。例えばその出版社が、すでにほかのライセンス相手に契約を結んだテーマは、新しいゲームデザイナーにとって閉ざされたも同然である。これは対応する出版社のゲームの箱を玩具店でちょっと探したり、その出版社のホームページを見たりすれば簡単に確認できるだろう。出版社が連絡先を公表していれば、この問題を明らかにするためにあらかじめ連絡を取ることは特に大事である。

このような障害がないと分かれば、ボードゲームの製品化を安心して申し込むことができる。あるテーマについて長いこと成功している出版社は、そのテーマに乗った新作を出して、成功を延長しようとするだろう。例えば、『カタン』と、それに続く拡張セットが輝かしい成功を収めたため、部内者から変種、追加セット、追加部品などが寄せられ、それをひとまとめにして『航海者版』(★12) が発売さ

106　ボードゲーム デザイナー ガイドブック

れた。

▶ 出版社の通常販売プログラムに適合しそうな作品は、あくまでそのシリーズを補足するものであって、コピーでないほうが良い。自社製品をライバルにするゲームに出版社が関心をもつことはまずない。F1レースゲームは一つの出版社に1タイトルあればそれで十分であり、2つ目のF1レースゲームは取り上げない可能性が高い。

　ただしシリーズの補足と既存のコピーの境界線は、必ずしもはっきり区切られたものではない。出版社は方針の中で、急に例外を販売プログラムに入れるときもある。しかしそれは普通のことではない。いずれにせよボードゲームを持ち込む前に、少し事前調査をしたほうが良い。持ち込むボードゲームが、出版社の販売プログラムと、良いボードゲームとは何かという基本的な考え方に合致すればするほど、当たる可能性が高くなる。

▶ 作品が完成し、テストプレイしてゲームとして機能すると確認されたら、まず目をつけておいた会社に短い説明を送り、そのアイデアに関心があるかどうか、おべっかを交えず冷静に尋ねるべきである。複雑なボードゲームをすぐに送るのは賢明ではない。ルールと見本の写真2〜3枚で十分であり、手間から見ても両者にとって都合が良い。連絡文書例と事前確認事項については第24章「役に立つテキスト集」に文例がある。そこには、出版社側からの適切な返信の例も掲載されている。会社によって文面は異なるが、なるべく早く返信してくれるだろう。

　手紙や小包を書留で送る必要はない。受領人に不必要な手間をかけさせ、発送人にとっては無駄なコストになる。郵便物が紛失することは通常なく、ボードゲームを発送したという証明はあまり役

に立たない。受領人が書留を特別大事だと思い、優先して取り扱ってくれるというのは誤った考えである。

アイデアを送ったら、街角のスーツケース店と似たような状況にある。スーツケース店は革製の書類かばんを並べ、潜在的な購入者に提供する。買うのは早い者勝ちだ。新作を1社限定で持ち込む必要はない。限定すれば、持ち込んだ出版社がどれくらい早く対応できるかと、実際に対応してくれるどうかに依存してしまう。該当する出版社全部にボードゲームを送ることも十分可能である。ただしその場合、礼儀正しく、フェアに、ほかの出版社にも同時進行で検討してもらっていることを伝える。

一般的に、相談された会社は手紙のエントリーを短い中間報告とともに通知する。

6～8週間以内にまだ報告が届かなかったら、丁寧に問い合わせてもよい。ただしバカンスの期間後は、少し待たされても許すべきである。その頃、編集部はクリスマス前の郵便受けのようになっているものである。山になった仕事をやっと片付け始めている頃だ。

アイデアをチェックしてもらうためにゲームを出版社に送るならば、事前に信用を確認しよう。たいていの出版社はエントリーの確認で、その作品が内密に取り扱われ、権利が守られることを保証してくれる。

百発百中ということはないし、出版社に持ち込まれるボードゲームで契約に至る割合はほんのわずかである。不採用の文面はゲームデザイナーにとって重要ではない。「たいへんありがとうございます。私達の検討の対象にはなりませんでした。お送りいただいたものは着払いで返送いたします」ぐらいではやや物足りない。不採用には、理由を短く述べるのが良いスタイルである。そうすることでのみ、ゲームデザイナーは成長して、次の仕事を改良するのに必要なフィードバックが得られる。第11章「デザイナーの運命 その2」で引用した文面「拝啓ヴェルネック様。本当に良いボードゲームを考

案したら、どうかまた私たちを信頼してお問い合わせ下さい。試作品は負担軽減のため数日中に別便で返送します……」は、私にとって特に役に立つものではなかった。でもそのうち世の中が変わり、ゲームデザイナーが多くを学んできただだけでなく、出版社も随分前から徹底的に学んでいる。その一例として、理由の付いた不採用の手紙を、第24章「役に立つテキスト集」に掲載している。

　公正さは、公正さによってお返しするべきである。断られたボードゲームは、断られたボードゲームである。その理由がどのように間違っているかを反論して、出版社と嫌な手紙の応酬を始めるのはどうか控えてほしい。それで勝ったとしても、ゲームデザイナーは死んだも同然である。結局、出版社がゲームデザイナーの視点から作品を見なければいけないという法的な義務はない。そんなことをしていると結局、2回目の改良版や、別のボードゲームについて相談するとき、取り返しがつかなくなってしまうだろう。

　十分考えられることであり、実際に稀ではないことがある。編集者が送られたものをひと目見ただけでそのアイデアをもっと検討したいと思っても、実はほかのアイデアのほうがもう進んでいて、出版社はすでにほとんど同じコンセプトで進めているという場合である。

　すでに進められているアイデアと同じものがまた持ち込まれたら、出版社はすぐに全ての送付物を返送し、類似したアイデアが現在編集中であることをはっきりと伝え、後で怒りを買わないようにするだろう。そのような手紙を大きな出版社から受け取ったならば、アイデアがコピーも盗作もされていないことと、その出版社は実際、たとえ訴訟になっても、あなたの持ち込みと内容が同じか、不採用を検討するくらい近いアイデアをすでに少し前から編集し始めていることを証明できるのは絶対間違いない。アイデアには翼がある。しばしば良いアイデアは多かれ少なかれ同時期に取り上げられ、製品になるものである。アイデアによっては流行しているものもある。

14. どこに投稿するか？　109

例えばアメリカ大陸の発見500周年（1992年）にコロンブスのボード
ゲームが発売されるだろうことは、そのずっと前から予見可能だっ
た。だからいくつかの出版社で1ダースも航海世界一周のボード
ゲームが発売されたことは驚くことではない。

　自分の作品を商品化する全く別の方法として、代理人の介入があ
る。この領域ではここ数年いくらか変わっている。

　多くの独立した代理人が世界中全ての大きなボードゲーム出版社
と関係をもち、いろいろな国のボードゲーム市場でのトレンドや需要
を知り尽くしている。アイデアの検査はたいてい無料でなくて、手
数料を口座に振り込んだ後に行われる。その後、不採用通知と共に
ボードゲームが返送されるか、代理人がうまくいくと考えれば代理
人契約に至る。代理人は財政面だけではなく、通常そのボードゲー
ムについて商品化の独占契約を要求する。定められた期間内に、
ゲームデザイナーは自分のアイデアをほかのところに持ち込むこと
ができない。この期間内に代理人を通してどの出版社とも契約に
至らなければ、権利は完全にゲームデザイナーに返される。

　契約に至った場合、代理人によっては、ゲームデザイナーに今後
開発するアイデアの全てをまず照会することを義務付ける。そして
その代理人が次回作の提案を見送った場合のみ、ゲームデザイナー
は自由にその作品をほかのところに持ち込むことができるようにな
る。

　代理人は出版社からの報酬の一部を、自分のところに支払うよう
要求する。その対価は次の通りである。

- 代理人はそのボードゲームを、一番早く採用してくれそうな出版
  社に持ち込む
- 代理人は自身の利益に基づき、経費の精算、そのボードゲームに
  ついての報酬の入金、その他全ての利益をチェックする。それを
  ゲームデザイナーが個人で行うことはほとんど不可能である。名

前しか知らないようなカリフォルニアの会社と、ドイツから取引することを想像するとよいだろう

● 通常のゲームデザイナーとは異なり、代理人の立場は商品化が成功するかどうかにかかっている。代理人は、それだけで生計を立てているからである。だから代理人が、アイデアの活用をプロとして行うことは確実である

　ドイツ語圏にある正規の代理人には、「プロイェクト・シュピール（projekt-spiel.de）」「シュピーレ・アーゲンティン（spieleagentin.de）」「ホワイト・キャッスル・ゲームズ（whitecastle.at）」などがあるが、シュピーレ・アーゲンティンについては一般的な意味での代理人ではなく、ラベンスバーガー社が外注している品質チェック機関である。またプロイェクト・シュピールとホワイト・キャッスルだけがボードゲーム業界にいる代理人ではない。

　ドイツ語圏外から代理人に連絡する場合、使える言語はたいてい英語である。それゆえルールを含む全ての書類は、英語で記述するべきである。

　国際市場は、ドイツ語文化圏と趣を異にする。ドイツのように充実した豊富なボードゲームの品揃えのある市場は、外国では皆無に等しい。いやしくも外国で販売されているのは、おもちゃか、せいぜい機械・電気のギミックがあるゲームに過ぎない。そうなっていることにはたくさんの理由があり、これらの市場にそれ以外のものが受け入れられないという状況は変わりにくい。代理人はこれらの市場をよく知っており、トレンドも発展状況も知っていて、アメリカ、日本、イギリス、フランスやほかの国々で何が成功しそうか注意深く分析している。難易度が高く、練りに練られたボードゲームは、ドイツでは批評家やボードゲームファンの心を強く打つが、賢い代理人はたいていの国際市場では否であるというだろう。風車に逆らってまで、現地で出版されることはないだろうと分かっていながら、

14. どこに投稿するか？　　III

そのボードゲームを提案するような努力はしない。それでは、自分自身の能力にも疑いがかけられてしまう。

　私はアイデアを外国の代理人に持ち込もうとする気持ちをくじきたくない。しかし典型的なドイツゲームであるか、それともむしろ国際市場向きのアイデアであるかについて考えるべきである。

　ゲームデザイナーにとって、プロイェクト・シュピールは独立した自主的な代理人として二つの重要なポイントをもつ。

▶ ゲームデザイナーの代理人として、プロイェクト・シュピールは出版社に依存せず、新しいボードゲームのアイデア、試作品、製品コンセプトの市場可能性を分析し、ゲームデザイナーの作品を最適化する支援をする。このサービスに料金がかかる。評価が高いと判断されたボードゲームは、ゲームデザイナーが望めば、次の軸足であるライセンス代理人に送り、そこで合う出版社を探す。

▶ プロイェクト・シュピールはライセンス代理人も務め、ゲームデザイナーと出版社間の独立した橋渡し役のプロとして、ドイツ語圏でも国際市場でも仲介する。さらに代理人は契約や資金面での手続きの面倒も見る。

　料金は以下の通り（2015年現在）。
● ドイツからの申し込みは50ユーロ。メール、手紙、小包のいずれでも良い。料金には返送料金を含む
● ドイツ語圏以外の国からの手紙やメールでの申し込みは50ユーロ。後から遊べる状態の見本を請求されたとき、小包で送る場合は、すでに支払った料金と、追加の送料との差額を支払う
● ヨーロッパ圏内の外国から小包で送る試作品は5 kgまで75ユーロ。料金には返送料金を含む
● ヨーロッパ圏外の外国から小包で送る試作品は5 kgまで100

ユーロ。料金には返送料金を含む

- 料金はドイツの付加価値税（現在のところ19％）込みで、ドイツ外から送った場合も納めなければならない

- 送り手は資料のエントリーとエントリー料支払い後、1週間以内にエントリーの確認書と領収書を受け取る。そこには次のような、権利を保証する文面が付いている。「あなたのボードゲームコンセプトのご送付と料金のお振込をいただき、ありがとうございます。エントリーが適合する場合、今後考えられるステップについてご連絡いたします。不採用となった場合は、6週間以内に資料に評価報告書を付けてご返送いたします。あなたの資料は著作権その他の権利が保持され、もちろん完全に内密に扱われます。契約で取り決めることなく、使用しないことを保証します」

　個別事項については、ウェブサイト（projekt-spiel.de）をご覧いただきたい。

　一般的な通常の代理人サービスでない、二つの特殊なケースがある。ラベンスバーガー社と、「MB」と「パーカー」のレーベルで知られるアメリカ企業ハズブロはそれぞれ、代理人と特別な合意を結んでいる。

　ラベンスバーガー社は、まだボードゲームを発表したことのないゲームデザイナーからの依頼のない持ち込みは見ず、「シュピーレ・アーゲンティン」（spieleagentin.de）ことクラウディア・ガイゲンミュラー氏と、取り決めに従って独占的な提携を行うよう指示する。彼女は若いけれども、もう「年老いた経験豊かな野ウサギ」の部類に入る。彼女は長いことセレクタ（★13）と、シュミットに属するドライマギア（★14）のレーベルで編集者として働いてきた。

　シュピーレ・アーゲンティンとの提携には、両者が遵守（じゅんしゅ）するルール

がある。

▶ ゲームデザイナーはまず、ルールと自分のゲームアイデアの概要だけを郵便かメールでシュピーレ・アーゲンティンに送る。理解しやすくするため、用具やゲーム開始時の写真やスケッチを同封したほうが良い。ゲームできる状態の見本を小包で送るのは、請求があってからにする。

▶ ゲームのアイデアの評価に対し、料金がかかる。これで彼女は編集、チェック、アドバイス、送料の一部を賄う。

  料金は以下の通り（2015年現在）。
  ● ドイツからの申し込みは65ユーロ。発送方法は問わない
  ● 外国からの申し込みは手紙かメールの場合、65ユーロ
  ● ヨーロッパ圏内の外国から小包で送る申し込みは5kgまで100ユーロ
  ● ヨーロッパ圏外の外国から小包で送る申し込みは5kgまで150ユーロ

  ゲームデザイナーへの個人的な連絡は、メッセやボードゲームデザイナー会で事前に期日を決めた後、ラベンスバーガー社の編集者が行い、シュピーレ・アーゲンティンを介さない。ラベンスバーガー社の編集者によるチェックは料金不要。

▶ シュピーレ・アーゲンティンは、料金が支払われてから業務を開始する。この料金で、発送人に関わるものも含め全ての必要経費を賄う。すなわちラベンスバーガー社が、そのゲームを採用してゲームデザイナーと契約を結ぶことになった場合、それ以上の報酬をシュピーレ・アーゲンティンに支払う必要がない。

▶ その提案が製品化するのにふさわしくない、オリジナリティが少ないという結論にシュピーレ・アーゲンティンが達した場合、その作品はゲームデザイナーに返送される。そのときに評価書を受け取り、そのボードゲームを改良したり、今後のボードゲーム開発に役立てたりすることができる。

▶ シュピーレ・アーゲンティンがポジティブな結論に達した場合、その作品を自らラベンスバーガー社に紹介する。必要に応じてそのアイデアをもう少し洗練し、採用のチャンスを高めるために、出版社に変更の可能性を示唆することもサービスの一環として行う。それから出版社もそのアイデアをポジティブに評価すれば、シュピーレ・アーゲンティンは発送人にそのことを伝える。この時点からラベンスバーガー社は連絡を引き継ぎ、それ以降の相談は直接ゲームデザイナーと行い、契約に至ればこれもゲームデザイナーと直接締結する。

▶ ゲームデザイナーの権利は、もちろん関係者全てが遵守する。発送人との契約上の同意なく、アイデアを使用したり第三者に渡したりすることはない。

ハズブロ社でも同様の仕組みが働いている。ドイツ支社はボードゲームの申し込みを社内では処理せず、ウィーンの代理人である「ホワイト・キャッスル・ゲームズ」（代表：アニタ・ラントグラフ）に選別を委託している。

▶ 代理人はボードゲームの提案のエントリーを確認し、手数料の支払いを領収し、デザイナーが望むならば極秘扱いの説明を送る。

▶ 代理人は全ての提案を綿密・全面的・中立的な立場で整理し、

チェックし、評価する。

► ゲームデザイナーはゲームアイデアについての詳細な評価を、市況の分析やすでに同様のボードゲームが現在の市場にあるかどうかの調査と共に受け取る。

► 作品がハズブロ社にとって期待できると代理人が判断した場合、ゲームデザイナーに仲介契約を提案する（ここはシュピーレ・アーゲンティンとホワイト・キャッスルが・ゲームズの運用方法が根本的に異なる）。

► 仲介契約を締結したら、ホワイト・キャッスル・ゲームズはボードゲームの提案をハズブロ社にプレゼンする。通常、契約の締結と発売の後、代理人の取り分は支払われるライセンス料の40%、ゲームデザイナーの取り分は60%になる。

► ハズブロ社がそのボードゲームを不採用にしたら、代理人はゲームデザイナーの同意のもとで、ほかの出版社でも代理人を務める。

► 契約で同意した提携の枠内で、ホワイト・キャッスル・ゲームズは次のサービスを提供する。
  ● 試作品のアートワークのサポート
  ● そのボードゲームのシステム改良のサポート
  ● 試作品をターゲットとなる年齢層のグループでテストプレイ
  ● 翻訳作業のサポート
  ● 契約交渉。代理人は潜在的な参加を見越して、幾つかの選択肢から最善策を選ぶように努力する

► 調査と評価のため、受け付けたボードゲームの申し込み全てについて取り扱い料金がかかる。この料金には、現時点でオーストリ

アで有効な付加価値税と返送料を含む（2015年現在）。

- ドイツ、オーストリア、スイスから送る場合90ユーロ
- ヨーロッパ圏内の外国から送る場合100ユーロ
- EU外の国から送る場合115ユーロ

代理人のホームページ（whitecastle.at）で、通常の報酬を含む代理人契約について閲覧できる。

ドイツ語圏以外の国からの申し込みでも同じであるが、ドイツで業務を行う代理人から、どんな決算書も期限までに正確に無料でもらうことができる。ほかでもなく代理人は、長年の間に積み上げてきた信頼に基づいて活動している。ここでもドイツ国内のボードゲーム会社にいえることと同じことが当てはまる。ボードゲーム出版社にとっても代理人にとっても、最も貴重な財産は文句のない評判である。名誉に関わる不文律にどんなに小さな抵触があっても、それらは全て、またたく間に業界全体に広がるだろう。短期的には、全く公正でない進め方で一度儲けることは考えられる。しかし長期的には、それではうまくいかない。そのようなパートナーとは誰も関わりたくないものだからである。それゆえこの業界で続いているのは、道義を守って利益を上げている企業や代理人だけである。この確実性はゲームデザイナーにとって、どんな海千山千の契約文書よりも安全である。

個人的にボードゲーム編集者や代理人に相談したい人は、ゲッティンゲンとミュンヘン・ハールのボードゲームインベンター・メッセのどちらかまたは両方で行うのが最も手っ取り早い。さらにそこでは成功したゲームデザイナーやそのほかの部内者とも相談でき、経験豊かな人たちの助言が得られる。これはコストを節約できるだけでなく、苦い失望もしなくて済むだろう。

編集者と代理人にはもちろんニュルンベルクやエッセンでも会えるが、事前に日程を取り決めておかなければならない。業界関係者

のスケジュールはメッセ中いっぱいで、もし空いていたとしても非常に短時間しかない。そこでは念入りな準備が必要であり、ゲームデザイナーがすぐに明らかにすべき重要なポイントが三つある。

1. そのボードゲームのテーマは何か（つまりそれぞれのルールや、ゲームの進め方。その他の詳細ではなく、基本的な原理のみ）。

2. そのボードゲームはどこが新しいのか。

3. すでに発売されている同様のボードゲームとどこが違うのか。

いずれにせよ、これらのイベントに行って運良く相談できる見込みはほとんどない。ニュルンベルクの国際玩具メッセではその上、入場券を手に入れる難しさも加わる。

［註］

★1｜ アバクス

ドイツのボードゲーム出版社。1989年設立。AとSのトレードマークが目印で、『ズーロレット』『花火』でドイツ年間ゲーム大賞を受賞している。

★2｜ アミーゴ

ドイツのボードゲーム出版社。1980年設立。『遊戯王』などのTCG、『ウノ』ドイツ語版、『ハリガリ』などカードゲームからキッズゲーム方面で有名。

★3｜ ハンス・イム・グリュック

ドイツのボードゲーム出版社。1983年設立。社名はグリム童話から。ゲーマーズゲームで定評があり、『ドリュンター・ドリューバー』『エルグランデ』『カルカソンヌ』などドイツ年間ゲーム大賞の最多受賞を誇る。

★4｜ ハイデルベルガー・ボードゲーム出版

ドイツのボードゲーム出版社。1991年に設立され、ドイツ国内で小規模出版社や外国出版社の販売を行ってきたが2016年にH.ピルツ社長が急逝し、翌年アスモデグループ（フランス）に買収された。

★5｜ フッフ＆フレンズ

ドイツのボードゲーム出版社。2004年に設立。キッズゲームと国外のボードゲームも扱い、

『ベッポ』でドイツ年間キッズゲーム賞、『ケイラス』でドイツ年間ゲーム大賞特別賞を受賞している。

★6 ｜ コスモス

ドイツの総合出版社。1822年設立。1985年からボードゲームを作り始め、1995年に『カタン』を発売。『ウボンゴ』『ケルト』シリーズと共にロングセラーとなっている。

★7 ｜ ペガサス

ドイツのボードゲーム出版社。1993年に設立し、TCG、TRPG、アメリカのボードゲームも扱う。『キャメルアップ』と『キングドミノ』でドイツ年間ゲーム大賞を受賞。

★8 ｜ ピアトニク

オーストリアのボードゲーム・パズル・カードゲーム出版社。1824年設立。

★9 ｜ クイーン

ドイツのボードゲーム出版社。1988年、インド出身のR.グプタ氏によって設立された。

★10 ｜ シュミット

ドイツのボードゲーム出版社。『イライラしないで』を開発したJ.F.シュミット氏が1907年に設立。1997年にベルリンのブラッツ社が買収し、名前を引き継いで今日に至る。自社製品のほか、ハンス・イム・グリュック社とドライマギア社の製品を販売している。

★11 ｜ ハズブロ

マテル社と並ぶアメリカの代表的な総合玩具メーカー。1923年設立。1984年にミルトンブラッドレー社、1991年にパーカーブラザーズ社を買収。『人生ゲーム』『モノポリー』『ジェンガ』をアメリカで製造・販売している。

★12 ｜ 航海者版

『カタン』のヒットをうけて、1997年に発売された拡張セット。船を建造して島の外にくり出す。いくつかのシナリオとマップが入っている。

★12 航海者版

★13 ｜ セレクタ

ドイツの木製玩具メーカー。1968年設立。キッズゲームでは『ねことねずみの大レース』『テントウムシの仮面舞踏会』など、ハバ社と並ぶ有力メーカーだったが2011年を最後にボードゲームから撤退。2017年に破産申請した。

★14 ｜ ドライマギア

ドイツのボードゲーム出版社として1994年に設立。キッズゲームやライトなカードゲームで頭角を現し、『ごきぶりポーカー』などを世に出した。創業者の1人であるJ.リュッティンガー氏が2008年、シュミット社に権利を譲渡し、それ以来シュミット社の一レーベルとなっている。

自費出版で少部数製作？
Kleinauflage im Eigenverlag?

　ボードゲームを提供している会社の約3分の1は、小規模出版社か極小規模出版社である。個人営業であることも多く、ボードゲーム制作は普通の家庭の一日の仕事の傍ら、趣味として行われている。スタートダッシュから一定の成功を収め、安定した出版社の仲間に加わるところもある。どうにかこうにかではあるが、高い理想をもってやり繰りしているところもある。浮かび上がってきたかと思えばしばらくするとひっそりと消えていくところもある。しばらく音沙汰がなかったのに突然思いがけない量の売れないボードゲームが在庫品から掘り出され、コレクターの自費出版コーナーに入るところもある。こうして、気力とエネルギーを費やして始める者が後を絶たず、たくさんのお金を製品につぎ込み、しまいに全ての気力をなくし、投入した資金の回収を諦めなければならなかったことが分かる。

　書籍や雑誌の出版社を除いた場合、ボードゲームを提供している会社の半分以上は小規模出版社となる。しかし売上を見れば、その規模は適正である。というのも5％未満のボードゲーム企業が、90％以上の売上を占めるからである。残り10％未満を、たくさんの小さな「経営者」で分け合っている。このように、小さいのに激しい競争のある市場区分に参入して、果たして報われるのだろうか？

　それは人生と同じく、状況次第である。まずゲームデザイナーが、どれくらい多くの時間とエネルギーをアイデアの実現に費やすかによる。またどれくらい多くの初期資金を投資し、そのボードゲームが売れなかった場合に損失として諦められるかにもよる。だから

ゲームデザイナーは自費出版での少部数製作のメリットとデメリットを、ボードゲーム出版社との連携によるメリットとデメリットと比べてみなければならない。

▶ 出版社は通常、慎重に磨き上げたコンセプトであってもさらに真剣にチェックし、ゲームの進め方やルールを根本的なところからもう一度磨き上げる。ボードのグラフィック、ルールのイラスト、その他ゲーム用具のアートワーク、外箱のデザインは、プロのグラフィックデザイナー、イラストレーター、写真家を手配してくれる。

メリット：ゲームデザイナーにとっては、自分の作品をもう一度経験豊かな専門家たちによってテスト・改良・監督してもらえる保証がある。これは特に製造責任の領域に当てはまる。最近の消費者裁判によって、出版社は関連する安全規定と環境保護規定を全て守るという保証をしなければならなくなった。損害があった場合、出版社は製造の欠陥に対し補償を求められる。ゲームデザイナーはここから免除される。

ゲームデザイナーは、出版社との契約が終わったら、製品が完成するまでゲームの開発に関わる必要がなくなる。時間もお金も使わなくてよい。

デメリット：ゲームデザイナーは通常、アートワークに全く、あるいはほんの少ししか関与することができない。ゲームデザイナーがイメージしていたものと、全く別物になることもある。

▶ 少なくとも大きい出版社はプラスチック、木、厚紙などの用具を自社で製造・加工できるか、またはどこでどのようにして調達できるかのノウハウがある。

メリット：完成した製品はプロによって仕上げられる。工業的な製造ラインによって、複雑な製造プロセスも可能である。

デメリット：流れ作業で製造したボードゲームは、手作りの魅力がな

15. 自費出版で少部数製作？　121

い。それに形態、色、用具などの選択でコスト面が優先されること
もある。それは、高級感を犠牲にすることにもつながる。

▶ 出版社は生産量を多くすることで、コスト面でのメリットがある。
メリット：市場にふさわしい販売価格になる。

▶ ボードゲーム出版社は販売もうまい。
メリット：出版社はボードゲームを卸売し、デパートの共同購入組合、
玩具専門業者、インターネット、その他流通網を通して網羅的に購
入者に届けることができる。よくいわれるように、従来の製品があ
ると新作も入れやすい。このメリットに対して、自費出版は特に弱
い状況にある。ボードゲームイベントでどんなによく売れても、地味
なミニ会社は普通それほど長く続けていけない。そのようなイベン
トの売上や利益には、移動・宿泊・ブース使用料などの費用がかかっ
てくるからである。

▶ ボードゲーム出版社には、すでに確立したイメージがある。
メリット：新作はまず一度、同じ出版社から発売されているほかの
ボードゲームの評判や成功によってアドバンテージを得る。これは
スタート時に大きな助けとなる。ただし時間が経つと、そのゲーム
自体の価値によって評価が定着していくことになる。
デメリット：そのボードゲームが属するシリーズによって、評価も左
右される（これ自体はメリットにもなりうる！）。

　例えば子ども向けでもあり大人向けでもあるボードゲームが、
キッズゲームが主となっているシリーズに入り、そのような外装や中
身で発売されたら、大人からは大人向けとは認識も承認もされない
（『くるりんパニック』(★1) が例外であることが、ここでもこの法則を証
明する）。

▶ 大きなボードゲーム出版社は国際的に活動している。

メリット：ボードゲームがほかの国でも発売され、たくさんの部数が製造される可能性がある。あるいはその出版社が外国でこれまでの取引先と、ライセンス契約やコラボ契約を結ぶこともある。

▶ ボードゲーム出版社は、きちんとしたコスト管理で商業的なマネージメントを行う。

メリット：販売された分と在庫情報について定期的に精算を行う。
デメリット：商業的に利益がもう出ないと判断されれば、ゲームデザイナーが残念がり、もっと市場に残ってほしいと思っても、販売プログラムから外される。

▶ ボードゲーム出版社は、利益を上げなければならない。

メリット：出版社が自らの利益に基づいて、そのボードゲームの製品化にこぎつける努力を行うことが期待できる。
デメリット：アイデアのオリジナリティではなく、成功の見込みによって、出版社が自分のところに持ち込まれたボードゲームを採用するかしないかを決める。

　以上はボードゲームを出版社に持ち込むかDIYで自作して販売するかを決める際に重要な視点ではあるが、これで全部ではない。

少部数制作のヒント

▶ ゲームのルールは、必ずしも書籍のような品質で印刷する必要はない。PCと普通のプリンターを使って、コストをかけずに立派なルールを作ることができる。最近のワープロソフトには質の高いテンプレートがあり、プロの印刷とほとんど違いがない。

▶ ルールは、文責、名前、ゲームデザイナー（または出版者）の住所、電

話番号、FAX番号、Eメールアドレス、ホームページのURL、コピーライト表記と年号を入れる。

　難しい問題の一つとして、立派でしっかりした箱の調達がある。高価な梱包コストをかけずに、単体で発送できるぐらいしっかりしたものにしよう。小さい出版社は利益のかなりの部分を、直接発送によって得るからである。初心者の中には、タイトルを印刷したラベルをボール紙の筒に貼って、その中にボードゲームを詰めるところもある。この筒にはプラスチックの蓋をする。この場合、ゲームボードは丸められるようにして、机に出してしばらくすると広がるようにする。箱も筒も、オフィス用品店や図工用品店、または梱包用品の製造者から直接入手できる。

　資材を売っている業者を探すのに役に立つのは、電話帳のイエローページである。商工会議所には便覧があり（納入品種別など）、あらゆる種類の専門会社を探し出せる。そのほかインターネットには職業別電話帳もある。

　あまり知られていないのは、大きなボードゲーム出版社の多くがボードゲーム全部だけではなく、部品もバラ売りしている業者でもあるという事実だ。企業や組織の中には広告代理店を通して、広報プレゼント用に配ったり企業研修に使ったりするボードゲームを特注することがある。ボードゲーム出版社の中にはそれに対応できるところもあり、ボードだけであろうと、何かゲームの用具であろうと、箱だけでも、完成品でも、必要とされるものを納入する。「ルドファクト」（ludofact.de）は、たくさんのボードゲーム出版社の製造と運送を担うメーカーである。同様にラベンスバーガー社にも、特注担当の部署がある（ravensburger.de/werbemittel/kontakt）。

▶ ボードゲームを箱詰めする場合、ダイス、コマ、その他の付属品をあらかじめ小袋にひとまとめにしておくとよい。そしてボードゲー

ムを箱に詰めるとき、ボードやルールと共に、用具が揃った小袋を入れるようにすると欠品の確率が下がる。さらにそのような小袋の貯えがあるならば、運良く短期間にたくさんの数のボードゲームを発送することになった場合、何かにつけて早く処理できる。

　ボードゲームにボードやルールが入っていなければ、ひと目で気が付くだろう。しかし22個のコマのうち1個が足りないかどうかは、精度の高い天秤でも使わなければ確認できない。そこで色分けすれば、ある色はちょうど二つ多く、ほかの色はちょうど二つ少ないというように把握できる。欠品なくボードゲームの用具を揃えておくことは、自費出版にとって特に大事である。そうしておかないと、仕分けミスがあったり欠品があったりしたときに、購入者はきっと怒るだろう。ある研究によると、満足した顧客は満足したことを1人（！）にしか伝えないが、満足しなかった顧客は、その怒りを9人（！）に広めるそうである。

▶ ゲームの用具や紙の強度などを選ぶ際は、大きさと共に、何よりも重さを考慮に入れておくべきである。自費出版で製造されたボードゲームは、その大部分が郵便や宅配便で直接エンドユーザーに届けられることになる。そして彼らが注文するのは通常1個だけで、半ダースなどではない。送料を着払いにしても、送料込みにしても、いずれにせよコストはかかる。郵便小包にするか、宅配にするかでも料金は大きく変わる。重量を調べるときにはもちろん、梱包材の重さも忘れてはならない。

安全と環境保全
　小さな企業でも、関連する安全規定と環境保護規定が適用される。

▶ 玩具の安全性で最も重要な規定は、ヨーロッパの「玩具大綱」に遡る。ドイツでは該当する法律において、これに代わって「玩具の安

全に関する通達」が適用される。

　この通達は物理的・機械的な仕様、化学的な性質、燃えやすさなどを規定する。また最終消費者のために、製造者が製品に警告を表示しなければならないという原則も規定している。さらに、EUにおいてはCEマークが付いた玩具だけを流通させてよいという指令「88/378/EWG」の法的根拠ともなっている。

　検査はEU全体で有効な規定「EN71」に基づく。第1章は機械的・物理的な性質の詳細全てと、それに関する警告表示についてである。第2章は玩具の不燃性についてで、第3章は特定の要素（化学物理的な性質）の移送を扱う。第4章は実験器具、第5章は化学的な玩具、第6章は警告マークについてである。補足は現在も追加されている。

▶ CEマークは消費者のための品質保証ではなく、その製品が全面的に玩具大綱の要求と、それに関する規定を遵守していると製造者が証明したものに過ぎない。

▶ 最近の裁判やEUの決定によって、製造者責任が拡張されている。以前は被害者が、損害が製造者の過失によって、その直後に引き起こされたものであると証明しなければならなかったが、現在は立証責任が逆になり、消費者に有利なものとなっている。今、消費者が損害賠償を請求した場合、製造者は損害を回避するあらゆる手立てを講じたことを証明しなければならない。それは本当に難しいものとなりうる。CEマークを誤用した場合、何千ユーロもの過料に処せられることがある。

▶ しかし被害を受けた消費者が製造責任を問うたり、商法上過失の

126　　ボードゲーム デザイナー ガイドブック

ない商品を求めて提訴したりするコストはもっと高くなりうる。そのようなリスクを防ぐため、卸売組織やデパートチェーンは通常、購入条件の中に、その製品がCEマークを付けていることを入れている。もちろん小さい出版社がCEマークの条件を精査せず、損害保険をかけずに箱に付けることもできる。しかしそれは、ずいぶん無謀なことである。購入された商品が概ね正常であり、苦情が来ないことを盲目的に信じるということだからである。

▶ 全体的に「EN71」には、ボードゲームには全く関係のない項目もたくさんある。ボードゲームは「玩具」というカテゴリーの一部に過ぎないからである。それでも自費出版する人は該当しそうな点を全て考慮し、全ての規定が守られていると確かめるため、最終的な完成品を、公的に認められた検査機関で、CEマークに適合するものか検査してもらわなければならない。ニュルンベルク公立検査テスト機関がそのような検査を行っている（lga.de）。

▶ ボードゲームに電気を使う部品や電子機器が含まれている場合、安全性のためにさらに特別な規定「DIN EN 50088」と「50088/AI」が適用される。2006年初頭、「電気・電子機器の販売、回収、および環境に配慮した処分に関する法律（ElektroG）」が発効した。その結果、処分・リサイクル費用が小さい出版社にも課せられる可能性がある。

▶ 場合によってボードゲームは機械安全法（GSG）に基づいて、「一般的に承認された技術規程」の指示に従う可能性もある。そのほかに、主に次のような規定もある。
- 遊具のドイツ工業規格（DIN）による安全規定
- ドイツ電気技術者協会（VDE）の指示
- ドイツ技術者協会（VDI）の方針

15. 自費出版で少部数製作？　127

● 技術監視協会グループ（TÜV）の注意書き

　ボードゲームや個々のゲームの用具に必要なものである限り、TÜVやニュルンベルク公立検査テスト機関などの権威ある検査機関が、申請に応じて技術的な安全性の検査を行うことができる。結果がポジティブであれば、製品はGSマーク（「検査済の安全性」）を付けることができる。これは特に、ボードゲームが高価な装置や電気仕掛けの部分を含む場合に検討したほうが良い。機械安全法については、連邦労働社会省の冊子から情報が得られる。

▶ ボードゲームは、食品及び日常品に関する法律（LMBG）にも従う。ボードゲームやゲームの用具には健康を害する物質（ポリ塩化ビニル可塑剤、アゾ染料、ニッケルなど）が含まれていてはならず、着色は唾液や汗で落ちないものでなければならない。

　「玩具の安全性に関する通達」などの関連規定と玩具の安全規格（DIN EN 71）は200ページ以上にもわたり、安価に手に入るものでもない。素人が通読するのは難しい上に、常に改変や追記も行われている。それゆえ小さい出版社にとってはアドバイスを受けることが重要である。その第一歩として、その地域の商工会議所に相談するとよい。

▶ 環境に配慮したボードゲームの製造と組み立ては、自費出版にとっていずれにせよ重要である。積極的に環境保護をしているかは普通、購入者から確認できず、それゆえ販売のメリットにもならない。しかし不足は有害である。それが明るみになり、噂が広まったら、その製品が売れるチャンスを減少させるだろう。梱包のゴミも自費出版のイメージに影響する。それゆえ考慮に入れなければならない。しかし理性の問題は別にして、しっかりした法令がある。

梱包の手順に基づき、出版社や販売者には梱包を無料で回収し、公共の廃棄物処理以外は再利用やリサイクルをすることが義務付けられている。回収と再利用には、「緑のマーク」のドイツ・デュアレス・ズュステム社など第三者を利用できる。ボードゲームの販売路線も目指す自費出版では、「緑のマーク」のコストも計算に入れておかなければならない。さらに製造者と販売者は、1994年から「循環経済・廃棄物法」も守ることになっている。

　プラスチックの部品が必要で、そのための金型を作らなければならない場合、大きなリスクを取る心の準備がなかったら、自作しようという考えはさっさと諦めたほうが良い。そのような金型は高価であり、その投資が報われる可能性は、自費出版の事業にとってゼロに等しい。

　初版の数にも慎重になったほうが良い。無謀なゲームデザイナーが相当おり、彼らのデビュー作かつ唯一のボードゲームの初版が売れないまま、孫末代まで配れるほどの在庫になっている。大部数で作ると大口割引になることを謳って客を集めている業者も多いから、比較的大部数からスタートしたくなる誘惑はとても大きい。大部数にすればもちろん単価は下がるけれども、初心者は、特に予算の上限が低い場合しっかり計算して、総合費用を算出しなければならない。というのも業者は基本的に、ボードゲームを売ってお金が入る前に、前払いでサービスに支払いを請求するからである。

販売
　自費出版の本当の問題は販売である。そこには、いろいろな流通網がある。

▶ 卸売業者は次のものを求める。
  ● プロの作りと外装
  ● CEマーク

15. 自費出版で少部数製作？　129

- その製品の安全性規定の遵守
- 梱包の手順（「緑のマーク」）の遵守
- たとえ予期しない契約違反が起こっても引き渡しできる保証
- 品質保証と痛みの伴う割引
- ときに独占販売権。すなわちほかの販売網は認めず、今後の
  ボードゲームもまずこの卸売業者に紹介して、断られたときだ
  けほかの方法で販売してもよいということ

▶ 大きなデパートやチェーン店の仕入れ担当者に声をかけることは
およそ意味がない。彼らには基本的に卸売業者と同じ話が当てはまる。さらにその上、これらの商事会社は卸売業者か、安定した出版者に直接注文している。こうして在庫切れのリスクを減らし、均一で安定した品質水準を確保している。

▶ 小売業者に自費出版者がアクセスできることはまずない。もちろん玩具店の奥に行き、自分の住む街のデザイナーが作ったボードゲームだから棚に置いてくれないか頼んで、いくつか委託販売してもらうことはできるだろう。しかしこれで売れるのは1個か、多くて半ダースぐらいのものだろう。しかしドイツには何千もの小売業者がおり、その全てに出向くことはできない。

▶ ハイデルベルガー・ボードゲーム出版、ペガサス、フッフ＆フレンズや何社かのボードゲーム販売業者、インターネット通販業者は、小さいボードゲーム出版社専門の販売プログラムをもっている。すでにある程度の期間、市場にとどまっていることが条件となる。

▶ 小さい出版者との提携に特化しているものとして「シュピール・ディレクト」（spiel-direkt.com）がある。さまざまな困難を乗り越えて、長い期間市場で成功を収めてきた有能な小さい出版社の連合である。

広告

▶ 何より本当に熱心なボードゲーム愛好者の間で認知してもらうには、ドイツの至る所で開かれているボードゲームイベントに参加するとよい。これらのイベントで最も重要なのは、エッセン・シュピール、ミュンヘン・シュピールヴィーズン、ベルン・ライプツィヒ、ウィーンのシュピールフェスタである。その他にも、国内外でたくさんのローカルイベントがある。

そのようなイベントでは小さいブースを借り、できれば机一つだけでも借りる（あるいは持ち込む）。そこでは朝早くから夕方遅くまで来場者にルール説明ができ、遊んでもらえる。また全部ではないが、ほとんどのイベントでボードゲームを直接来場者に販売することもできる。販売できないところでは、注文だけ受け付ける。販売禁止イベントでのエレガントな解決方法は、私がオーストリアで見たものが参考になる。小さい出版社はそのボードゲームの預り金を請求していた。その金額は偶然、販売価格と同じである。来場者がボードゲームを持ち帰れないので、残念に思いつつそのお金を預かっておき、イベントが終わってから……。

ボードゲームイベントは普通、自費出版者にとって補助的な仕事である。ブース使用料で儲けがなくなるからである。その上旅費、食費、宿泊費などもかかる。それだけでなく、そのようなイベントは少なくとも週末をまるまる使うため、多くの自由時間も潰してしまう。しかし、このプラットフォームで一定の認知度を獲得できる。そこで展示した作品が楽しくてその金額だけの価値があるという噂が広がれば、もう口火が切られたことになる。ほとんどの小さい出版社はここ数年内に設立され、この方法で始めて、何よりボードゲームイベントに毎回参加することによって業界にとどまっている。

これと同時進行で、一般的な知名度をある程度上げることも試みるとよい。そのためには三つの方法があり、そのうち二つが実用的

15. 自費出版で少部数製作？　131

である。三つ目は一見すると実行できそうだが、実際には無理である。

メディア

1. 地方の新聞、テレビ局（特にたくさんの民放）、それから地方情報を放送する一部のテレビ番組はよく「地元の発明家」や「あなたが今まで知らなかった面白い隣人」を取り上げる。しかしそのような記事では普通、ゲームデザイナーの人となりのほうが、その人物が考案したボードゲームの内容よりも多くなる。ボードゲームの魅力は経験上、テレビというメディアで伝えにくい。ボードゲームが世間で影のような存在にとどまり、本当の関心を起こさない間は少なくとも、この状況は変わらないだろう。普通でない趣味や職業の人々というだけで、もう全く違って見える。さらに髪が緑色ときたらもう……？

2. ボードゲーム専門誌『シュピールボックス』はいつもアイデアと才能を探し求めており、時としてボードゲームが大好きな読者に新作ボードゲームを喜んで紹介してくれる。そのほかにも、多かれ少なかれ定期刊行されているペーパーから、熱心なウェブサイトまで、たくさんのボードゲーム雑誌がまだまだある。

3. 『オルデンブルク北西新聞』のように多くの新聞も、定期的にボードゲームのレビューを掲載している。そのようなコラムに自分のボードゲームを取り上げてもらえたら、もちろん新人にとって大きな助けになるだろう。一定の知名度を得られるだけでなく、何よりも有名な紙面での批評は、広告に活用できる良い推薦状となるからである。しかし新聞のレビューは、非常に控えめに書かれている。部数の多いメディアでは、市場規模を反映することがボードゲーム評論家の責任である。自明のこ

とながら、大きいボードゲーム出版社の分は多くなる。これらの出版社はたくさんの商品を提供できるからである。市場の周辺部や外側にいる出版社ももちろん考慮されるが、ここでも少し安定していて今後も継続できそうなところが優先される。

読者にとって、お店のリストになかったり、記事が出たときにゲームデザイナーが売るのをとうにやめていたりして、手に入らないボードゲームを勧められても役に立たない。というのもボードゲームを編集者やレビュアーに送ってから、うまくいって新聞に評論が掲載されるまでは、何週間、ときには何カ月もかかるからである。レビュアーがバランスの取れたテーマの配分を長期的にじっくり計画していて、週末の記事や雑誌のページがかなり事前に作られている場合は特にそうなりやすい。

インターネット

自身のホームページでボードゲームを紹介するのは簡単である。問題は、そこで紹介されているボードゲームに関心をもってくれそうな人が、どうやってそのページを見つけるかである。

仲間同士の連携とネットワーク

時間が経つと、ボードゲームイベントやその他のイベントで同じ課題を抱えている知り合いができる。「シュピール・ディレクト」(★2)のように徐々に親しくなって、しまいには手を組んで販売共同体を作る人も少なくない。

ニュルンベルク国際玩具メッセ

有名なニュルンベルク国際玩具メッセに出展するのはお金がかかり、新人にとっては何にもならないに等しい（20章「ニュルンベルク国際玩具メッセ」を参照）。玩具小売業者の多くは確かにニュルンベルク

にやってくるが、行ったり来たりしてたくさんの会社と商談をするのに精一杯で、時間のプレッシャーに追われている。そこではボードゲーム出版社が出展しているだけでなく、ほかにも積み木、人形、ぬいぐるみ、鉄道模型から趣味の工作用品に至るまで、あらゆる会社が製品を出展しているからである。愛情を込めて自作したボードゲームを出展する者は、この慌ただしさの中に投げ込まれる。ニュルンベルクで意味があるのは、苦労のデビューから時間が経って、小さくても安定した会社を作り、それなりに幅広い商品ラインナップを開発した場合のみである。

　自分自身のアイデアの力に基づいて、自費出版で作ったボードゲームを礎<ruby>礎<rt>いしずえ</rt></ruby>として、小さくても独立した会社を作るという想像は魅力的である。しかし、その難しさと必要な継続資金と責務は低く見積もりすぎないほうが良い。チャンスがあった場合、まずそのボードゲーム自体、納得の行く良いものでなければならないことは自明のことである。

　初期資金は必要不可欠であり、残念ながら思ったよりも常に多くかかる。開発と製造の資金をクラウドファンディングで調達できれば、もちろんそれは魅力的である。すでにそれで成功した事例もある。しかしそれを容易にできるのは、すでに成功しているゲームデザイナーだけである。新人が、手堅くて成功が約束されたアイデアをもち、それを形にして良い製品を生み出す状況にあるということを、潜在的な出資者に確信してもらうのはむしろ難しい。

　小さい企業の多くがスタート時から徐々に軌道に乗ってこられたのは、生計を立ててくれる誰かがいたからにほかならない。というのも、この小さいけれども競争が激しくもある市場区分において、結局骨折り損のくたびれ儲けになるリスクはとても大きいからである。それゆえボードゲームを自己資金で製品化するという覚悟は、十分かつ綿密に熟慮するべきである。そうすることで、もしかしたら失望や高い学費を回避できるかもしれない。『エルフェンランド』

や『チケット・トゥ・ライド』の作者であるAlan R. ムーン(★3)は、真剣に出資者を探し説得することを勧める。自己資金で作ることについて彼はこうコメントする。「そんなことはしないで！ 絶対に！」

[註]

★1｜くるりんパニック
電動で旋回する飛行機を跳ね飛ばして、自分のコインを守るアクションゲーム。オリジナルは1992年、ミルトン・ブラッドレー社（アメリカ）から発売された。キッズゲームながら大人にも人気で、日本語版にもなっている。

★1 くるりんパニック

★2｜シュピール・ディレクト
ドイツを中心とする中〜小規模ボードゲーム出版社が共同で設立した販売流通グループ。2Fシュピーレ、ビーウィッチトシュピーレほか44社（2017年現在）が加盟する。

★3｜Alan R. ムーン
1951年イギリス生まれ、アメリカ在住のボードゲームデザイナー。『チケット・トゥ・ライド』シリーズや『エアライン・ヨーロッパ』などの作品がある。

16 全部揃った?

Alles komplett?

真剣になるときである。ボードゲームを今、出版社に提供することになった。第一印象で採用になるかどうか決まることは、確かにないだろう。しかし何か足りなかったり、差出人が重大なミスを犯してしまったら悪い印象を残すかもしれない。最初から揃っていないものがあると、そのゲームデザイナーが安易に考えて念入りに仕事をしなかったことになってしまう。「基本的な準備作業もしないで、てっとり早くお金を稼げると思ったか」。こんな第一印象で、編集者は仕事に取り掛かるのか?

私はボードゲーム編集者たちに、あらかじめ依頼されていない持ち込みで一番嫌なことを書いてもらったことがある。意見が一致するのはいつも、相変わらずのだらしない仕事やミスである。ここに典型的な例をいくつか挙げておく。

- 連絡先データが全くないか、全て（！）の用紙・箱・ボードなどに記載されていない（連絡先データとは、名前、住所、電話番号、Eメールアドレスのことである）
- 「古い帽子」、つまりすでに発売されているか発売されていたものを、新しいアイデアとしてプレゼンする。例えば『モノポリー』を左回りにしたり『カラハ』(★1)『ハノイの塔』(★2) などいろいろなボードゲームを少し手直ししたりするといったもの
- 終わりの見えない長いルールが、入念なことに厚い冊子に綴じ込まれている
- ページ番号のないルーズリーフのゲームルール

136 ボードゲーム デザイナー ガイドブック

- ルールの説明と合致しないゲーム用具
- 判読が難しい手書きのルール
- でっちあげられた、または美化されたテストレポート。生徒がカンニングしたのを気付かないぐらい愚かな教師がいないのと同様に、そのレポートがきちんと書かれた本物か、美化された偽物かすぐ見分けられない編集者はいないものである
- 編集者が用具を自分で用意しなければいけないようなボードゲーム。ひとまずコピーしたイベントカードの紙を何枚か厚紙に貼り、それを切り取ることになった編集者がどれだけ嬉しいか、想像に難くない
- 無意味に巨大なボード
- データがいっぱいに詰まった記録媒体
- ウィルスに感染した記録媒体
- 莫大な数の用具が入った巨大な荷物
- 膨らませすぎて2時間以上かかるのに、その背後には極めて平坦でシンプルなアイデアしかないゲーム
- 世界で一番退屈なボードゲーム：ダイスだけでイベントが決まるダイスゲーム
- 世界で二番目に退屈なボードゲーム：複雑すぎて理性ある人でも全く理解できず、いつもルールを参照しなければならないボードゲーム
- 世界で三番目に退屈なボードゲーム：質問カードと回答カードの連続
- 「これは翌年のドイツ年間ゲーム大賞を取りますよ！」といった大げさな告知
- そのゲームを家族や友達全員がどれだけ絶賛したかといった熱狂的な記述

このようなハンディキャップのあるボードゲームは、分が悪いこと

はかなり明らかだろう。ゲームデザイナーは急いで小包を送る前に、以下のチェックリストにマークしていくとよい。マークしたチェックリストをボードゲームに同封するのはあまり意味がない。これはゲームデザイナー自身が役立てるものであり、自分のボードゲームが完全であるという安心を与えるものである。ただしその前提となるのは、質問に対し自己批判的になり、偽りなく回答した上で、ずっと「はい」の欄にマークが付けられることである。「いいえ」の回答があったら明らかな危険信号であり、その点を慎重に精査するきっかけには少なくともするべきである。どのみちゲームデザイナーはそういった点を見つけて、一つでも二つでも改善・修正できたほうが、送ってから編集者が弱点を見つけて不採用の規準にするよりは良い。

1. 自己批判的な分析：アイデアとイノベーション

● そのボードゲームは、容赦なく真摯で自己批判的な分析に耐えられるか？　　　　　　　　　　　　　　　　　□ はい　□ いいえ
● あなたはゲームデザイナーとして誠実に市場を見回した上で、自分のアイデアのオリジナリティを確信しているか？　□ はい　□ いいえ
● そのボードゲームには革新的な全体構造があるか？　□ はい　□ いいえ
● そのボードゲームには受け入れられる範囲内で、プレイヤーに過度な要求をしない革新的な飛躍があるか？　　　　□ はい　□ いいえ
● そのボードゲームを面白がってくれるターゲットグループがあると、あなたは確信しているか？　　　　　　　　　□ はい　□ いいえ

2. ボードゲームのチェック状況

● そのボードゲームを、いろいろなグループで十分な回数プレイしているか？　　　　　　　　　　　　　　　　　□ はい　□ いいえ
● そのボードゲームを、ゲームデザイナーが想定している全てのプレイヤー人数で十分な回数プレイしているか？　□ はい　□ いいえ

- プレイヤーはテストレポートを記入したか？

  □ はい　□ いいえ

- アドバイスや批判点を全て考慮したか？　　　　□ はい　□ いいえ

- そのボードゲームを、テストプレイヤーは本当に楽しんでいたか？

  □ はい　□ いいえ

- ゲームとルールの最終版で、全面的な最終テストを行ったか？

  □ はい　□ いいえ

3. プレイヤーの行動

- プレイヤー間のインタラクションは発生したか？

  □ はい　□ いいえ　□ 該当しない

- プレイヤーの誰もキングメーカーにならなかったか？

  □ はい　□ いいえ

- プレイヤー全員が、ゲームの最後かその直前まで参加していられたか？　　　　　　　　　　　　　　　□ はい　□ いいえ

4. 個別のゲーム進行

- ゲームの準備はシンプルで分かりやすいか？

  □ はい　□ いいえ　□ 該当しない

- ゲームの用具や内容物をプレイヤーに分配する方法は、シンプルで分かりやすいか？　　　　　□ はい　□ いいえ　□ 該当しない

- スタートプレイヤーは一義的に決められるか？

  □ はい　□ いいえ　□ 該当しない

- スタート時の順番はシンプルで分かりやすいか？

  □ はい　□ いいえ　□ 該当しない

- 手番順はシンプルで分かりやすいか？　□ はい　□ いいえ　□ 該当しない

- 運の要素を生み出すものは、シンプルで分かりやすいか？

  □ はい　□ いいえ　□ 該当しない

- 移動の仕方は全てシンプルで分かりやすいか？

  □ はい　□ いいえ　□ 該当しない
- 対立の処理メカニズムはシンプルで分かりやすいか？

  □ はい　□ いいえ　□ 該当しない
- コマの取り方はシンプルで分かりやすいか？

  □ はい　□ いいえ　□ 該当しない
- 征服の処理は明確か？　　　□ はい　□ いいえ　□ 該当しない
- 得点計算の進め方はシンプルで分かりやすいか？

  □ はい　□ いいえ　□ 該当しない
- サプライズの要素が含まれているか？　□ はい　□ いいえ　□ 該当しない
- そのボードゲームは一義的に終了するか？　　　□ はい　□ いいえ
- 常に一義的に勝者が1人に決まるか？　　　　□ はい　□ いいえ
- ほかのプレイヤーが何もしない待ち時間は短いか？

  □ はい　□ いいえ　□ 該当しない
- そのボードゲームは最後までエキサイティングか？　□ はい　□ いいえ
- ゲーム終了の直前まで、誰が勝つかがオープンになっているか？

  □ はい　□ いいえ
- プレイヤー全員に勝つチャンスがあるか？

  □ はい　□ いいえ　□ 該当しない
- ゲームの進行は首尾一貫していて矛盾がないか？　□ はい　□ いいえ
- そのボードゲームは展開が固定的ではないか？　　□ はい　□ いいえ
- システムが破綻しうる状況は見つかっていないか？

  □ はい　□ いいえ　□ 該当しない

5. ルールとゲーム開始

- テストグループは口頭での説明なしに、問題なくルールを理解できたか？　　　　　　　　　　　　　　　　□ はい　□ いいえ
- ルールは一義的であるか？　　　　　　　　□ はい　□ いいえ
- ルールは分かりやすいか？　　　　　　　　□ はい　□ いいえ

- ルールにはページ番号が付いているか？　　　□ はい　□ いいえ
- ルールの理解は数分でできるか？　　　　　　□ はい　□ いいえ
- ゲームの始め方は確実に易しいか？　　　　　□ はい　□ いいえ
- ルールは考えられるゲーム中の状況を全てカバーしているか？

　　　　　　　　　　　　　　　　　　　　　□ はい　□ いいえ
- アートワーク、イラスト、内容物、外見は統一性があるか？

　　　　　　　　　　　　　　　　　　　　　□ はい　□ いいえ

6. ボードと用具

- 面白くて革新的な用具が入っているか？　　　□ はい　□ いいえ
- 好ましくて魅力的な用具を提案しているか？　□ はい　□ いいえ
- ボードと用具は、アートワークや色使いがルールの記述と一致しているか？　　　　　　　　　　　　　　　　　　　□ はい　□ いいえ
- 見本は完全ですぐに遊べる状態になっているか？　□ はい　□ いいえ

7. 安全対策

- ボード、用具、ルール、そのほかの情報はコピーを取って手元に残してあるか？　　　　　　　　　　　　　　　　　□ はい　□ いいえ
- 権利の保護対策は行っているか？　　　　　　□ はい　□ いいえ

8. 事前連絡

- 出版社に前もって連絡してあるか？　　　　　□ はい　□ いいえ
- 代理人に前もって連絡してあるか？　　　　　□ はい　□ いいえ
- ボードゲームを送ることを許可されているか？　□ はい　□ いいえ

9. 発送

- 適切で十分に頑丈な包装をしているか？　　　□ はい　□ いいえ
- 全ての書類は読みやすい字で書かれているか？　□ はい　□ いいえ
- 添付状、ルール、用具、ボード、補足書類、荷物の内容リストは全て

揃っているか？ □ はい　□ いいえ

- ボード、ルールの全ページ、同封する箱、その他全ての説明書に、発送人情報が記載されているか？ □ はい　□ いいえ
- その他、漏れはないか？ □ はい　□ いいえ

全てOKだったら、発送しよう。しかも早いほうがいい。

[註]

★1｜カラハ

『マンカラ』の仲間に属する2人用ゲーム。1940年にアメリカ人によって発案された。いくつかの穴に小石や豆が入っており、相手より多くの豆を自分の穴に入れることを目指す。

★2｜ハノイの塔

パズルゲーム。1883年にフランス人によって発案されたといわれる。3本の棒にいろいろな大きさのディスクが入っており、常により大きいディスクが下になるように移動していく。

17

うわあ！ 契約の申し出が来た！

Hurra! Ein Vertragsangebot ist da!

出版社に過度の期待をするのは間違っている。ボードゲームの提案は不採用になるほうがずっと多い。しかし、全くチャンスがないというのも本当ではない。結局、毎年数百タイトルの新作ボードゲームが市場に出てくるわけである。そしてそれらは確かに、どこかから来ている。ある日、分厚いかさばった手紙が郵便受けに送られてくるのは、ほかならぬあなたかもしれない。そう、契約の提案である。

そうなったらパズルゲームが始まる。出版社にとっては申し出を受けるか受けないかではなく、両者の側が納得しサインするまで、いくつかの雛型の選択肢を提示する。どこに落とし穴があるか？お金がなくて、無防備で、全く経験のないゲームデザイナーが、どこかで騙されるか心配しなければならないのか？　どこをしっかり見ておくとよいか？　友人を駆り出したり、弁護士に問い合わせたり、新しい文言を考えたりするが、そこでいつも気がかりなのは、出版社が本当にフェアで公正なのかということである。

出版社は、出版社とゲームデザイナー双方の権利と義務を整えている。全ての出版社には自社の権利書がある。その全てをここに掲載して詳細に論じることはできない。それに大きい企業では文書の形式や構成が大きく異なるところもある。しかし個々の形式と表現にかかわらず、出版社は以下の主要な点を明らかにする。

1. ゲームデザイナーは出版社に対し、最善の知識と良心をもって、自分がそのボードゲームの権利所有者であることを確認する。

それにもかかわらずゲームデザイナーが盗作など第三者の権利を侵害したことが判明したら、ゲームデザイナーは出版社に対し全ての要求を許諾しなければならない。ただしそのような要求に収拾がつかなくならないために、責任の境界線も取り決めておくべきである。結局出版社にも、ほかのボードゲームとの重大な酷似に関する知識を提示する義務が課される。ゲームデザイナーに過失があった場合、通常その時点までに発生したライセンス料の金額まで弁償する。故意または重大な不注意があった場合のみ、ゲームデザイナーが全面的に損害の責任を取る。出版社が権利を保有する場合、第三者が権利侵害を主張したときに発生する賠償を、状況が明らかになるまで保留しておくのは不公正ではない。

2. ゲームデザイナーは自身が保有する権利を、一定期間かつ一定のエリアについて出版社に移譲（いじょう）する。その際、どの言語で発売してよいのかもすぐに明らかにしておくほうが良い。この取り決めは、機械装置の特許など、ゲームデザイナーが契約後に後で獲得した権利の使用についても適用しなければならない。

3. ゲームデザイナーは出版社に対し、この契約が有効な領域内で、権利をほかの者に与えていないことを保証する。

4. ゲームデザイナーはその作品がその出版社に採用されたこと、及びいつどのような形で出版されるかということについて口外してはならない。そうしないと、例えばメッセでの発表や新作プレゼンのずっと前に情報が漏れることになり、その出版社のマーケティング戦略に問題をきたすかもしれないので重要である。

144　ボードゲーム デザイナー ガイドブック

5.　ゲームデザイナーはそのゲームに必要なイラスト、情報、資料を全て利用可能にしておかなければならない。

6.　ゲームデザイナーは、ほかの出版社に類似した内容・アートワークのボードゲームを提供することによって競合を引き起こしてはならない。

7.　出版社は契約の締結から定められた期間内にそのボードゲームを出版する義務がある。一番いいのは、出版社で発売期日を取り決めておくことである。けれども契約は、そのボードゲームが発売されなかった場合も想定しておくとよい。延長期間は通常6〜12カ月で、それでもまだ発売されなかった場合、ゲームデザイナーは契約の解消を求めることができる。その場合、契約で取り決められていれば、ゲームデザイナーはすでに支払われた前払い金は損失補償としてそのまま保持してよい。

8.　出版社はそのボードゲームの販売について精算書を提出しなければならない。通常の精算は半年おきで、それぞれ6月30日までと12月31日までで行う。精算書は遅くとも上記の期日の2カ月後までにゲームデザイナーに提出する。入金もそれぞれの精算期日から2カ月以内に行う。この二つはもっと短い期間にすることもできる。

9.　ゲームデザイナーは精算を調査してもらう権利をもつ。調査は「部分的な会計調査権」をもつ公認会計士に依頼することができる。すなわち会計士はそのボードゲームに関係する資料を全て閲覧することができ、出版社が正しく精算していることが判明すれば、ゲームデザイナーがその調査費用を負担する。しかし不整合が判明すれば、出版社が会計士に料金を支払う。

10. 出版社は報酬を支払う。それはたいてい歩合制で計算される。ときには出版社がゲームデザイナーと取り決めをして定額制で1回払いにすることもある。

　定額制とは、出版社が契約で決めた期間内に、合意した金額を1回払いすることである。これでゲームデザイナーの使用料請求が全て完済されたことになる。その後はゲームデザイナーにとって、出版社がそのボードゲームを活用して利益を上げようが損失を出そうが関係はなくなる。ただしそのボードゲームが大きな成功を収めた場合でも、当面はその分け前に預かれない。

　平均評価が高かったアイデアが、後に大ヒット商品や本物のベストセラーになることも考えられる。その場合、国会議員が保証してくれるようなことでもない限り、ゲームデザイナーは指をくわえて見ているしかない。著作権法第36条は、いわゆるベストセラー条項であるが、そこでは経済的な結果に比して著作者の報酬に重大な不均衡がある場合、著作者は適切な分け前を要求できると定められている。そうなったらゲームデザイナーはこの規定を準用して、契約を現状にふさわしい形に変更することを要求できる。この保証があることで、総額報酬は一見したときに感じられるほど悪くないときもある。何よりもゲームデザイナーに即金で入るのが良い。

　歩合制とは、商店に卸されたボードゲーム全てについて、ゲームデザイナーが売上から一定のパーセンテージを受け取るというものである。パーセンテージは契約で取り決めておく。したがって基準となるのは製造されて出版社の倉庫に積まれているボードゲームの数でも、最終的に商店から最終消費者に販売された数でもない。

　製造されたボードゲームの数を計算のベースにすることはゲームデザイナーのためにならないだろう。それでは出版社によっては大量の在庫品を精算するよりも、製造数を抑えて在庫切れになるリス

クを取るほうが良くなる。しかしそれでは長い期間にわたってたく
さんの数が売れ続けた場合しか、ゲームデザイナーに利益がなくな
る。最終消費者への販売も精算のベースにすることはできなさそう
である。なぜなら出版社はお金を購入者からではなく、お店から受
け取っているからである。そしてボードゲームがよく売れようが、
積まれたままになっていようが、出版社はもう圧力をかけることが
できない。それゆえパーセンテージの根拠は、常にネットプライスに
基づく。ネットプライスとは、そのボードゲームを出版社が商店に卸
す価格のことである。ボードゲームを商店でも直接販売でも取り扱
う小さな出版社だけは、それ以外の規定を協議することに意味があ
るだろう。

　報酬の歩合は交渉次第であり、決められたパーセンテージはない。
報酬は本質的に、提案されたボードゲームの品質、オリジナリティ、
完成度によって決まる。さらに原価計算も関係する。コストのかか
るコンポーネントと高価な材料を使用したボードゲームを、リーズナ
ブルな市場価格で提供することになれば、自明のことながら出版社
は少ないパーセンテージを提示するだろう。場合によっては安価な
値段に比べて魅力的な内容で販売量が急増し、かえって利益が大き
くなることもある。ただしそうなる場合は少ない。

　計算例を挙げてみよう。ネットプライスは10ユーロである。ここ
からゲームデザイナーが６％、つまり１ゲームあたり60セントを受け
取ると仮定しよう。１万個卸せば6,000ユーロである。それでは同
じボードゲームをもっと少なく計算して８ユーロで商店に卸し、ゲー
ムデザイナーは５％だけ、つまり１ゲームあたり40ユーロを受け取る
とする。この措置によってもし卸す数が２倍になったと仮定すれば、
ゲームデザイナーは２万個の卸しで合計8,000ユーロを受け取ること
になる。歩合制はパーセンテージが高いほど良いかもしれないが、
必ずしも最善であるとは限らない。

　歩合制は通常、報酬の前払いと組み合わせられるが、そこは交渉

次第である。すなわち、ゲームデザイナーはまず一定の金額を前払金として受け取る。この前払金は後から報酬の支払いで精算される。したがってゲームデザイナーは、売上に基づく報酬の請求額が前払金より大きくなったときにやっと、出版社から次のお金を受け取ることになる。不思議なことに契約ではたいてい、ボードゲームが全くの失敗作だった場合や、それどころか発売もされなかった場合の取り決めがない。これは前払金だから、ゲームデザイナーは一度受け取ったお金を返さなければならないことになるはずだ。ただし契約にないからといっても、業界の通例として、そうなった場合は出版社が棚上げにすることになっている。幸いなことに、そのような場合は滅多に起こらない。そして出版社が前払金を契約の中で「ギャランティー料」と記しているならば、ゲームデザイナーはそのボードゲームが発売されてもされなくても、前払金を返さなくてよい。

　時としてエスカレーター条項とか、段階報酬とも呼ばれるものを取り決めることもある。すなわち一定の出版部数を超えた場合、ゲームデザイナーが受け取る歩合のパーセンテージが上がるというものである。出版社にとって、エスカレーター条項は大きなリスクにならない。出版部数が多くなければこの規定は出番がないが、出版部数が多くなれば、出版社はやや高い報酬金額でも容易にゲームデザイナーに支払える。デビュー作の場合、そのような取り決めは通常行われない。出版社で書籍を刊行する際、たいてい売れっ子の著名作家だけが、エスカレーター条項を設定できるのと同じである。

　報酬の規模は、次の通り。

- **定額制**：記述不可能。個々のケースによって異なる
- **歩合制**：業界の通例としてネットプライスの３〜６％
- **報酬の前払い**：500〜5000ユーロ。ボードゲームの種類（小箱か大

箱か、ドイツ語圏だけで発売されるか、その他の言語でも発売されるか）と出版社の規模による。支払い方法についても取り決められることが多い。50％は契約締結時、50％はそのボードゲームの発売時など。支払いを2年に分ける場合、当座は不利に思えるかもしれないが、税制的には得になることもある

● **エスカレーター条項**：記述不可能。個々のケースによって異なる

重要なことだが、これはおおよその規模であって決まった金額があるわけではなく、変更の余地がある。何よりも計算から注意をそらしてはいけない。製造コストの高いボードゲームを、出版社がぎりぎりの予算でできるだけ安価に提供することになったら、安いコストで大量製造した普通の用具を使うボードゲームよりも、もちろん余裕がなくなる。提案された取り決めが満足のいくものでないと感じたら、もちろん出版社と報酬について話し合えるし、そうするべきである。人生と同じように、ここでも仕事が良いものになるのは、両者が完全に満足している場合だけである。ただし劇的な値上げはそのような交渉で期待してはならない。二つの出版社から同時に申し出があったりしてゲームデザイナーが威張れるような状況は、残念ながら実際のところ非常に稀である。

11. 出版社が博物館やボードゲームレビュアーに広報用などとして無料で配布するボードゲームは、販売されないので報酬もない。出版社が報酬を支払う必要がないのは通常、出版部数の5％までである。そのような境界線を、契約時に確定しておくのは大事なことだろう。

ところでゲームデザイナーが、例えばネットプライスの5％を受け取るとしたら、それはすなわち、出版社が売上の95％を保持するということになるかもしれない。それは正当であろうか？そのお金で出版社が行う業務は、次の章で説明しよう。

12. ゲームデザイナーは出版社に文書で、売上税納入の義務があるかどうかと、何パーセント支払うことになっているかを報告しなければならない。そして報酬に加えて、付加価値税も受け取る。

13. 出版社はゲームデザイナーに対し、そのボードゲームの無料サンプルを一定数提供する。それは個数（20個など）または、出版部数の千分率（1パーミルなど）で契約に記載される。

それ以上の分は、ゲームデザイナーは出版社から安価に購入できる。通常の規模では商店に卸す価格、または希望小売価格の40〜45％引きである。ゲームデザイナーがこのようにして入手したボードゲームを、商店に販売してはならない。ゲームデザイナー自身が、出版社のライバルにならないことは当然のことだろう。

14. ゲームデザイナーは出版社に対し、そのボードゲーム自体の活用だけでなく、付属ライセンスも認める。これによって例えば外国にあるほかの出版社に、そのボードゲームを自社版で生産する権利を移譲したりできるようになる。そのライセンス料は、ゲームデザイナーと分配する。通常の取り決めではライセンス料の50％が出版社、50％がゲームデザイナーに入るが、最近は出版社がこのパーセンテージを自分に有利になるように変更しようとしている。

そのほか出版社は、関連する権利を使用できる。今日、利用可能な技術が多様にあるので、そのような活用の権利を契約文書に記述すると長大で広範囲になることが多く、中にはゲームデザイナーが想像できないような新しい選択肢も起こる。これらの権利について、出版社は相談にのってくれる。例えばゲームデザイナーが自分のボードゲームをDVDで活用したり、ダウン

ロード版を契約から除外したりしたければ、出版社は普通それを認めるだろう。しかし実際に利用するのは、本当に合理的な理由がある場合だけにするべきである。

15. 不都合な理由がなければ、ゲームデザイナーはルールと箱に自分の名前を表示することを契約で取り決めるよう主張するべきである。多くの契約にはこの条項がないが、著作権法第13条では対応する規定が明確に指示されている。そこでは、このように謳われている。「著作者は自分の著作物であることを作品の中で承認される権利を有する。その作品に著作者の表示を付け、どのような表示にするかを決めることができる」。少なくともドイツ語圏では最近、ゲームデザイナーの名前が箱やルールにあるのはもうほとんど当たり前になっている。しかしゲームデザイナー名を上側か、下側か、その他の場所か、どこに表記するか、契約段階から明らかにしておいたほうがよい。
出版社は通常、箱とルールに©マークを表記する権利を確保し、コピーライトを利用できるようにしている。

16. 出版社は、品切れになったら適切な期間内に再版する義務をもつ。再販しない場合、ゲームデザイナーに報告して権利を全面的にゲームデザイナーに返還しなければならない。その際、タイトルがゲームデザイナーが考えたものではなく、出版社から由来するものである場合には問題となる。幸いなことに、出版社がゲームデザイナーに権利を返還する際、タイトルについても今後の使用を認めることがだんだん多くなってきた。これには出版社が保有してきた、そのタイトルに関する著作権やマークを含めることもできる。ゲームデザイナーがアートワーク、生産のための書類、それに類するものまで出版社から受け取ることは普通ない。しかし個別にはゲームデザイナーが契約の効

17. うわあ！ 契約の申し出が来た！　151

果が切れた後、出版社から押し型や射出成形金型などの権利を買い取り、今後も使うことなども可能である。特に難しい製造問題への解決方法など、出版社が自ら取得していた特許やその他の権利は通常、出版社に残る。

17. 出版部数の一部が売れ残り、在庫で手つかずになった場合どうするかという取り決めも契約に含んでおいたほうが良い。そこで言っておかなければならないのは、市場で失敗する可能性も理由もたくさんあるので、個人的なミスとして評価するべきではないということである。まず規定しておくべきなのは、1年後に決められた最低販売数を下回った場合、両者の側で契約を解除できるということである。出版社にはそれから一定期間、在庫を売り払えることを認める。通常それは、契約終了から半年である。売れないボードゲームは普通、全部まとめて二束三文で売り払われる。これを業界用語で「見切り品」という。出版社は契約の文面に従って、第三者に売り払う前にゲームデザイナーにそのボードゲームを見切り品価格で提供するべきである。これによってゲームデザイナーは、友達、親戚、知人から、ひ孫に至るまでプレゼントできるようになるだけでなく、理由は何であるにせよ、自分のボードゲームが残部まるごと買い漁られて投げ売りされるのを防ぐことができる。

18. 裁判になった場合のことを確認し決めておく場合、いつからその契約が有効であるかは、曖昧なままにしておくことはできない。というのも契約上の通常の取り決め全てに、ゲームデザイナーは経験上安心しており、多かれ少なかれ中身を見ないで引き受けてしまうからである。

基本的には、契約の提案の文言が理解できなければ、内容と意味

をきちんと説明してもらえる。契約の解説に全面的に満足できなければ、サインする前に弁護士に相談してほしい。あるいはゲームデザイナー連盟（SAZ）を利用すれば、エキスパートや経験豊かな顧問に会えるだろう。

　良い契約は、起こりうる全てのことをごく手短に決めている。しかしもっと重要なのは、両者の側が契約に命を吹き込み、共通の成功を目指して貢献することである。だから契約は両者にどのような合意があったか、何にサインして有効になったかを、双方のために記しておくものに過ぎない。

ボードゲーム出版社は
いったい何をしてくれるか？

Was leistet eigentlich ein Spieleverlag?

これは正当な疑問である。ボードゲーム出版社は、いったいどんな業務をしているのか？　私はこの質問を何人もの熱心なボードゲーム愛好者にしてみたが、ほとんどステレオタイプで同じ答えだった。「出版社はボードゲームを作って、それでお金をもらっているのさ」。

いいだろう。それくらい簡潔な答えであれば、もちろん合っている。しかし、なりたてのゲームデザイナーは、出版社にボードゲームを提案したいかどうか、それとも自費出版で世に出すことを考えているかにかかわらず、舞台裏をもう一度見ておいたほうがよい。そうすることで少なくとも、ボードゲームを作ろうと思ったときに何が待ち受けているか分かるからである。

ボードゲームが出版社でどんな道をたどって製品化されるか、ちょっとおさらいしてみよう。

出版社にボードゲームの原案が送られてくる。登録され、ゲームデザイナーは経過報告を兼ねた受付確認書を受け取る。礼儀正しい出版社であれば、守秘義務の説明も付ける。

そのボードゲームは最初の選別にかけられる。そこでチェックするのは、全くの「古い帽子」でないかどうかである。例えば古典の変型であれば、チェックはもう終わる。それはゲームの始まりから出版社の基本路線に合うものか？　例えば攻撃的すぎたり、非道徳すぎたり、強欲すぎていないか？　そのボードゲームは書籍、映画、短命のイベント、テレビ番組やテレビシリーズによるものか？　名前、タイトル、コマ、図、商標、その他の理由によりライセンスの使用料

154　ボードゲーム デザイナー ガイドブック

を支払わなければならないものはあるか？　経験豊富な専門編集者は何百、場合によっては何千ものボードゲームを知っている。分からない場合はエキスパート、文学の引用、社内のアーカイブ、ニュルンベルク・ドイツ・シュピーレ・アーカイブ、バイエルン・ボードゲーム・アーカイブ・ハールを参考にする。

　最初の選別で順調だった場合、出版社はゲームデザイナーに中間報告書を送る。

　ゲームデザイナーが、自分の作品を代理人に渡した場合も手順は同様である。そうすると代理人もゲームデザイナーに中間報告と守秘義務の説明を送り、最初の事前チェックと調査を行う。この代理人が一つの出版社の事前選考を専門に担当している場合、その提案を契約社に転送するときにゲームデザイナーに知らせる。一方、代理人が自身の決定で選んだ出版社に提供する場合、ゲームデザイナーと事前に代理人契約を結ぶ。

　出版社では続けて詳細なテスト段階に入る。ウィット、興奮、オリジナリティ、スムーズに遊べること、繰り返し遊びたくなる魅力といったものが、基本的な選別基準である。そのボードゲームは、プレイヤー人数を変えても機能するか？　固定的、すなわち、必ず勝てるような戦略があるものではないか？　システムの破綻、すなわちゲームが崩壊する状況はないか？　常にゲーム終了の状況は一義的であるか？　永く遊べるボードゲームか？　プレイヤーがお互いに関われるか、それとも全員が孤立して自分しか見えなくなるか？

　チェック段階が終わったら、そのボードゲームは明確なターゲットグループに合わせていく。例えば、

● 就学前の子ども

● ８～12歳の子ども

● ８歳以上の子どもがいる家族

● 高い知性をもった大人

● コミュニケーションゲームが大好きな人

など。

　次にもっと全体的なかたちで、ターゲット層向けに作り直される。そこでの作業は、特に次のようなものである。

▶ 出版社のプログラムへの関連付け

　編集者は中期的な出版社戦略の観点から、どのように新作ボードゲームを位置付けられるか考える。

▶ タイトルの提案

　その際、ゲームデザイナーからの提案や希望が考慮される。ただしこれらは、ほかの視点より後回しにされることが多い。外国で販売する場合、タイトルも現地で分かりやすいものでなければならない。そのボードゲームが発売される環境に適合するもの、内容との関連が分かりやすいもの、言い回しが覚えやすいもの、すでに使われているタイトルと似ていないもの、狙ったターゲット層に理解され、受け入れられるようなもの……。

　タイトルを考えるのに、たいていは何度もブレインストーミングが行われる。その結果は、狙ったターゲット層と共に議論をして評価してもらうこともある。

▶ アートワークの契約

　次にアートワークの計画が作られる。イラストレーターとグラフィックデザイナーは、狙ったターゲット層についての明確な設定とテーマの一体性、そのボードゲームの性質の把握を必要とする。さもなければ、出版社のラインナップは時間が経つにつれ、統一感がなくその出版社の持ち味が何だか分からないボードゲームの寄せ集めになってしまうからである。

▶ スケジュール

時間のかけ方は、どのボードゲームも同じではない。ポーンやサイコロを少しと、機能的にデザインされたボードを調達するだけか、あるいは押し型や射出成形まで必要になるかによって、大きな違いがある。そこで編集者は用具や付属品の納入業者のことを考慮しなければならず、製造時の生産能力も考慮に入れなければならない。イラストの原版を作り、印刷用の版下に変える時間も必要である。念を入れた現実的なスケジュールは、マーケティング計画、および販売と生産の調整にとって土台となる。

▶ 継続的な安全性規定

アートワークの計画ができたらすぐ、どんな用具が必要なのかも決める。この段階では、そのボードゲームが全ての安全性規定を遵守できるかどうか、ゲームの用具によって思わぬ危険が発生しないかどうかを確定しなければならない。そこには例えば、毒性のない着色料だけを使っていること、許可されていない化学薬品がいずれかの用具に含まれていないこと、接着剤がアレルゲンを含んでいないこと、プラスチックが破損しないものであること、金属片で手を切ったりしないことなどが含まれる。

小さい子ども向けのボードゲームでは、ゲームの用具が全て誤飲されないように作る必要もある。

ゲームデザイナーにとってここで何より重要なのは、製造責任について損害を受けた人が賠償請求した場合、出版社がゲームデザイナーに転嫁することはできないということである。個別のケースについては、第15章「自費出版で少部数製作？」に記載している。

▶ 価格計算

ここで販売部が製造計画に着手し、全体のコストと単価を計算する。

そのボードゲームはこれでやっと、発売決定の準備ができたことになる。それでも年間の製造計画を内容的・コスト的にまとめなければならないために、該当する個別タイトルの発売がまだ決定できないときもある。

こうしてそのボードゲームが、ようやく出版社のプログラムに取り上げられたとしよう。それによって、出版社のリスクについての広範な決定も行われる。この時点までにもすでに相当なコストが発生しているが、ここから出版社は本格的に投資して比較的長い間、資本を使わなければならず、プログラムにある個別のタイトルが失敗して、ほかの自社製品にも悪影響を及ぼすというリスクも負うことになる（逆に成功したタイトルが、ほかの自社製品を引き上げるということも考えられる）。ボードゲームを発売決定することで、出版社は自社の名前を製品に結び付ける。

▶ 製品化
資材や部品を購入するには、注文してから一定の納期が必要である。製造は準備をして、正確に計画・実行されなければならない。

▶ それと同時進行で、マーケティング担当が情報伝達計画を進める
そのボードゲームを、どのようにして次のところで掲載するか？
- コマーシャル
- ウェブサイト
- カタログやパンフレット
- プレスリリース
- ポスター
- メッセや展示会
- ボードゲームイベント
- 紙媒体

158　ボードゲーム デザイナー ガイドブック

次のものは必要か？

- ラジオコマーシャル
- テレビコマーシャル
- 販売ディスプレイ
- 実演販売
- ビデオ
- 販促措置
- ジャーナリスト向けの特別な活動

▶ 販売は計画が命

そこには、特に次のものが含まれる。

- 価格戦略
- 販売数計画
- セールスマン研修
- 商店での販売員講習

▶ その間に出版社の弁護士も活動する

タイトルを保護したり、場合によっては意匠登録も行ったりしてもらう。意匠登録や特許を申請するのは、ドイツに限らないときもある。結局、外国語版も保護し、外国の競合企業が海賊版を流通させることを防がなければならない。

詳しく書くとややこしくて複雑な手続きがたくさんあるため、この章ではキーワードだけで省略したものもある。それでも出版社が何を業務として行っているか、イメージを伝えることができたと思う。そして、次のこともお分かりいただけたのではないだろうか。

▶ 出版社に提案されたり、代理人に提出されたりしたボードゲームが発売されるようになるまで、なぜそんなに時間がかかるのか。

▶ 出版社がゲームデザイナーに対し、ふさわしい報酬として売上から「たった」５％しか支払っていないけれども、出版社は高利貸しではないこと。そこではっきりしなければいけないことは、出版社が商店に卸すネットプライスは大まかに計算して最終消費者に販売される小売価格の半分であるということである。というのも卸売業者も小売業者も、販売コストを賄い、最後に売上を家に持ち帰らなければならないからである。

デザイナーの交流：情報交換

Autoren unter sich: Erfahrungsaustausch

　お隣同士のパン屋さんが、ゼロサムゲーム（★1）をプレイしている。1人がパンをお客さんに売ったら、その人の朝食の需要を満たす。その朝にもう1人のパン屋さんは、同じお客さんにパンを売ることがもうできない。しかしゲームデザイナーには、そういうことは起こらない。ほかのゲームデザイナーがある出版社で製品を出したからといっても、同じ出版社にボードゲームを採用してもらうチャンスを失うことはない。つまりゲームデザイナーは妬むことなく集まり、情報交換したりお互いに学び合ったりすることができる。そして実際に彼らはそうしている。6月の「ゲッティンゲン・ゲームデザイナー・ミーティング」、2月終わりか3月初頭にミュンヘン近郊で行われる「ハール・国際ボードゲームインベンター・メッセ」には、多くのゲームデザイナーたちが集う。

「ゲッティンゲン・ゲームデザイナー・ミーティング」

　「ゲッティンゲン・ゲームデザイナー・ミーティング」に参加するには、主催者への事前の申し込みが必要である。開催場所は市の文化行事を担うゲッティンゲン市民会館で、土曜の9時から18時までと、日曜の10時から14時まで行われている。

　一般参加者は無料で入場できる。自分の作品を展示して試遊してもらいたいゲームデザイナーは無料でテーブル（75×130cm）を借りられる。主催者は「イノ・シュパッツ」というゲーム賞を授与しているほか、「年間ゲーム大賞」の審査員がゲームデザイナー連盟（SAZ）と連携してこれからを担うゲームデザイナーに奨励賞を授与してい

る。この賞には副賞として、現在のところ３千ユーロの奨学金と４週間の実習期間が与えられる。そのうち１週間はニュルンベルク・ボードゲーム・アーカイブと、どこかのボードゲーム出版社で学ぶ。

「ハール・国際ボードゲームインベンター・メッセ」

「ハール・国際ボードゲームインベンター・メッセ」の期間は通常、謝肉祭の後で、ミュンヘン近郊のハールにある郵便局前市民会館で行われる。主催者は「バイエルン・ボードゲーム・アーカイブ・ハール」（spiele-archiv.de）の管理者であるフリスティアン・フュルスト＝ブルンナー氏である。ゲッティンゲンもハールも全ての出版社が出席するが、ゲッティンゲンと異なり、ハールの参加者数は限られており、ゲームデザイナーにとってはメリットとなっている。南ドイツエリア、オーストリア、スイスのゲームデザイナーが優先される。

「ハール・国際ボードゲームインベンター・メッセ」は金曜の13時から18時と、土曜の９時半から16時まで行われる。金曜の夜は自由参加のパーティーもある。バイエルン・ボードゲーム・アーカイブ・ハールはボードゲームをプレゼンするゲームデザイナーに相応の寄付をお願いし、それによって催しの費用（通信費、電話連絡、ホール使用料、プレゼン用テーブル〈80×190cm〉の準備など）を賄っている。申込は、できるだけ早い時期にするとよい。

この二つのイベントは、どちらにも一致する目的がたくさんある。

- ゲームデザイナーは自分の構想や試作品、自費出版のボードゲームまでプレゼンできる
- 権利の保護問題、ゲームアイデアの製品化、契約書の構成などについての情報交換会やワークショップがある
- ボードゲームメーカーの編集者や製品開発者と会うことができる

この二つのイベントは、次のような人を対象にしている。

- すでにアイデアを具体化しており、その製品化に向けて情報交換

やパートナーを求めているゲームデザイナー

● まだオリエンテーション段階にあり助言がほしい、なりたてのゲームデザイナー
● ボードゲームメーカーの製造担当者
● ライセンス代理人
● ゲームデザイナーにボードゲーム製作用品を提供する業者
● 専門誌の記者
● ボードゲーム業界のジャーナリスト・識者・専門家

　これらのイベントで、ゲームデザイナーは自分の試作品をプレゼンする。安定して成功し続けている有名デザイナーも確かによく来るが、彼らは経験上、この場では新しいアイデアを発表しない。しかし始めたばかりの初心者にとっては、「大物」と知り合いになって助言を求めるのにとても役立つ。あちこちで交わすちょっとした会話は、特に有用であることが多い。この二つのイベントではボードゲームデザイナー連盟（SAZ）の代表にも、いつでも相談相手になってもらえる。

　このようなゲームデザイナーイベントに単なる来場者として参加するか、そこで自分の構想を発表するかの検討にあたり、二つの視点を相互に考慮するべきである。

▶ 少ないけれども関心を持ってくれる人たち、特にボードゲーム編集者と代理人に認知され、目をつけてもらえること。
▶ 来場者によって意識的に、あるいは（こちらのほうがよくあることだが）無意識にアイデアを取り上げられ、もしかしたら後から類似したボードゲームが製品化されて、どちらが先かをめぐって争いが起こるかもしれない可能性。

　自分の作品をゲームデザイナーイベントで試してもらいたい人は、

19. デザイナーの交流：情報交換　163

そのアイデアにどのような反響があるか、良い感触を得るだろう。というのも、ゲームデザイナーとボードゲームの専門家は一般人としてリアクションし、それは友人や家族の反応とはだいぶ異なるからである。批判と共に建設的なアドバイスや良い提案をもらい、それによってまだ最後まで考えていなかったアイデアをさらに伸ばすための刺激を受けることも多い。

　ほとんど全てのボードゲーム出版社がこれらのイベントに従業員を送り込み、そこで紹介されたボードゲームを評価し、場合によっては次のチェック段階に送るよう勧めることもある。自ら出版社に持ち込む場合、このようにはいかない。

「ゲッティンゲン・ゲームデザイナー・ミーティング」と 「国際ボードゲームインベンター・メッセ」での行動

　ゲームデザイナーイベントでのふさわしい行動の仕方を、新人がどうして分かるだろうか？　礼儀正しく、ビジネスライクに徹するのが正しい？　あるいはリラックスして親しげに接し、編集者を初めから下の名前で呼ぶのか？

　経験のないゲームデザイナーは、いつも同じ過ちを繰り返す。だからここでは、避けたほうがよい振る舞いをまとめた小さなチェックリストを不完全なかたちではあるが挙げておく。

▶ 編集者にすぐテストプレイを強要する

　まず挨拶をして自己紹介をする。これは礼儀正しい人にとってごく当たり前のことである。それからやっとゲームデザイナーはゲームの原理を紹介し、ゲームの目的を説明する。それを３つか４つのセンテンスで説明できるよう、あらかじめ家でじっくりと考えてくる。すなわち編集者はまず、その作品の基本的な考え方を知りたいと思っている。何が新しくて、原理的に類似したほかの作品とどこが違うのかを知りたがっている。その後でようやく、そのボード

164　ボードゲーム デザイナー ガイドブック

ゲームにもっと関わるかどうかを決めることができる。編集者にとって重要なことを伝えず、すぐに詳細を話してしまうと、編集者は我慢できず怒ってしまうことすらあるが、それは別に不思議なことではない。

▶ ゲームデザイナーが試作品を箱にしまったままだったり、机の下に置いたりする

ゲームデザイナーがいくつもの試作品をもってきた場合、最も重要で最も面白いものを机上に乗せるべきである。それ以外の試作品は少なくとも見えるように重ねておいて、ほかにもっとあるということを編集者が少なくとも気付けるくらいにする。箱に大事にしまい、ケースに入れて机の下に置いてある試作品が話題に上がることはない。

▶ ゲームデザイナーが机の上に足を上げたり、退屈そうに足を組んだりしている

確かにリラックスしたいところだろうが、そのようなゲームデザイナーに誰が話しかけたいだろうか？ それよりも心を開いて人の気を引くような態度を取り、話しかけられたり目が合ったりするのを待とう。

▶ ゲームデザイナーが自分のボードゲーム卓に貼り付いて離れない

それよりも、ほかのゲームデザイナーと知り合うチャンスを活かしたほうがよい。ただし自分のボードゲーム卓から目を離さず、編集者から話しかけられるのを待つこと。編集者がテーブルに来るよう、丁寧に愛想よく招くのは失礼なことではない。

► 自分の提案が実際より悪いという

過度の謙譲は、過度の自信と同じくらい良くない。

►「比べられるものがあるか分かりません。調べていません……」

編集者は、とても価値のあるものを費やしてくれている。それは時間と専門知識と関心である。そこで編集者が期待するのは、ゲームデザイナーが話し合う用意をしており、少なくとも一般的な情報源は前提にできるということである。

►「私の知る限り、この種のゲームはまだありません」

ゲームデザイナーが情報を集める努力をしていると編集者が感じている場合に、このように発言するならば良い。しかしゲームデザイナーが簡単に考えて調査もしていないとすぐ分かるようならば、これは悪い発言である。

► ゲームデザイナーが話し合いの初めに、家族や友人がとても楽しんでくれたという

家族や友人が歓声を上げてゲームデザイナーを励ますのは、別に変わったことではない。しかし常識的なプレイヤーならば、家族や友人に褒められたといわれて、ゲームデザイナーが熱心に説明するのを聞かなかったり、ゲームデザイナーの気持ちを傷つけるかもしれないという思いやりもなしにアイデアや説明を批判したりできるだろうか?

► ゲームデザイナーが、成功したボードゲームとの比較で自分のゲームを褒める。例えば、「……だから、カルカソンヌと似ているゲームです」など

「どこか似ている」は、編集者が最も求めていない言葉である。編集者が知りたいのは、そのゲームデザイナーのボードゲームがほかの

ボードゲームとどう違うのかということである。その中で特に興味をもつのは、初めてであることと新しいということだ。

▶ **ゲームデザイナーが自分の提案を「次の年間ゲーム大賞」であると褒める**

経験豊かな編集者において、これは見苦しい大言壮語に映る。編集者たちは、価値あるものと価値のないものを選別し、良いアイデアを見つけ、そのボードゲームが自社の販売プログラムに適合するかを評価することで給料をもらっている。見苦しい宣伝を望む者は誰もいない。編集者もしかりである。

▶ **編集者がもち帰りたい資料を、ゲームデザイナーが用意していない**

完全なルールではなく、基本的なアイデアをできるだけ短く説明したものが、編集者が仕事机に戻ってイベントを振り返るときに役立つ。短い説明は第24章「役に立つテキスト集」の「ボードゲームの提案『竜巻』(仮題) について」にあるように半ページでよい。役に立つのは試作品の写真である。これはデジタルカメラの時代、大きな問題ではないだろう。とても大事なのはゲームデザイナーの名前、住所、電話番号、Eメールアドレスである。編集者が持ち帰る資料の、どのページにも記載しておこう。これは写真やデータ媒体にも当てはまる。ボードゲームの紹介は、A4用紙半分に収めるべきである。それ以上になると、どうしても本質的でない詳細部分が入ってしまう。

▶ **ゲームデザイナーが、例えば2〜6人の何人でも遊べるといいながら、実際にはそれぞれの人数でテストプレイしていない**

そのボードゲームが念入りに試した人数とは異なる人数でも機能するか、ゲームデザイナーがテストせずに持ち込んだ場合、少なくともそのことは正直にいうべきである。

▶ ゲームデザイナーが、そのボードゲームの試作品をたった一つしか
　作ってこない

　ある編集者が、それをすぐに持ち帰って車のトランクルームにし
まったらどうなる？　ゲームデザイナーは、ほかの出版社の編集者に
何を見せる？　遊べるサンプルがもうない場合、どうやってそのボー
ドゲームの開発を続けられる？

　ルールをコピーしたり、データをプリントアウトしたりするのは簡
単である。手間がかかるかもしれないが、実際に使えるゲームボー
ドを用意したならば、続けてもう何枚かボードを作るのも問題ない
だろう。コピーショップでカラーコピーをしてもらい、それを厚紙に
貼り付け、その上に透明シールを貼り付ければ完璧である。同じこ
とがそのボードゲームで必要なタイル類にも当てはまる。単にコ
ピーして、トランプに貼り付ければよい。その他、必要な用具を入
手できるならば、必要な分よりも多めに調達しておこう。

　ただしゲームデザイナーが最初の試作品をある編集者に渡したり、
ある出版社で提出したりした場合、公正さと礼儀の観点から、その
ことを次に本気で興味をもってくれたところに伝えるべきである。
社名まで挙げる必要はないが、そのような事実は参加した出版社が
分かっていたほうが良い。

▶ ゲームデザイナーが試作品をチャック袋に詰めたり、ビニール袋に入
　れてもってきたりする

　そうしたら編集者はその試作品をどうやって運んだり、自分の仕
事机に重ねたりする？　丈夫でサイズの合った箱を入手し、仮題や
連絡先を記入することは、越えられない障害にはならないはずだ。

▶ 編集者がゲームデザイナーの提案に興味を示さず、行ってしまった。
　ゲームデザイナーは無言のまま傷ついて帰る

　質問しない人は学ぶこともない。そこにいるのは専門家でありプ

ロである。その人の意見を尋ねてみよう。建設的な批判を頼んでみよう。その作品が完成して製品化できると思っているからといって、実際にもそうであるとは限らない。もしかしたら、もっと決定的な刺激が必要なのかもしれない。だから私がゲームデザイナー全員にアドバイスできることは、採用されなかったからといってがっかりするな、あきらめるなということだけである。専門家の批判を利用して、そこから学んでほしい。

　学者の間では幾度となく、試作品は完璧に作るべきか、遊べるけれども飾りのない提案でも十分かという議論がある。基本的にはアイデアや内容のほうが、見かけの良さよりもずっと大事である。しかし念入りにデザインされたボードゲームは普通、開発の完成度を表す。それによってゲームデザイナーが長い時間念を入れて、その作品を何度も改良し洗練してきたことが分かるのである。

その他の勉強会

　「ゲッティンゲン・ゲームデザイナー・ミーティング」と「ミュンヘン＝ハール国際ゲームインベンター・メッセ」は、世界的に意義のあるイベントの一種である。第一には新作を「人に見せる」、つまり出版社に紹介することを目的とする。情報の交換や学習ができることは前面には出ていないが、喜ばしい副次的効果である。これは最近どんどん増えている、小さめの地方のゲームデザイナーイベントとは全く異なる。1人や2人のボードゲーム編集者はそのようなイベントに参加するかもしれないが、地方イベントは完成したボードゲームをプレゼンするのではなく、学び、情報を得、知り合いを作るために行われる。熱心なゲームデザイナーの小さいグループによって組織されているイベントを特に挙げるとすれば、「ドリューバーホルツ会議」（druebberholz.de）と ヴァイルブルク の「ドイツ・ゲームデザイナー 会議」（spieleautorentagung.de）がある。

外国のボードゲームデザイナー会

活動的で創造的なゲームデザイナーは、もちろん隣国にも同様の イベントで見つかるだろう。

▶ フランス

フランスでは、熱心にゲームデザイナーの世話をすることが長い 伝統である。パリ近郊ブローニュ・ビリアンクールのルドテーク(★2) と共に、国立ゲーム・センターはドイツ以外では初となるゲームデザ イナーのための熟練した市民施設である。この施設は毎年、「ブロー ニュ・ビリアンクール・コンクール」でボードゲームのアイデアを表彰す る。この賞はボードゲーム出版社から注目され、すでに多くのゲーム デザイナーにとっての登竜門となってきた。このコンテストは国外 のゲームデザイナーも参加できる。フランス語で書くことができな い場合、応募書類等は英語で提出しなければならない(www.otbb. org/centre-national-du-jeu/)。

ほかにも、ブザンソン、パルトネー、パナゾル、リヨンなどでゲーム デザイナーのための地域的な活動もある。

▶ イタリア

イタリアでは、毎年いくつものゲームデザイナーイベントがある。 そのほかに代理人である「ステュディオ・ジョーキ」(studiogiochi.com) が有名なデザイナー賞「プレミオ・アルキメーデ」を授与している。こ の賞は出版社からも注目されている。イタリアのボードゲーム市場 自体はまだ小さく、デザイナーズゲームを発売するイタリアの出版社 はほとんどない。

▶ アメリカ

最も面白いイベントは「シカゴ・トイ＆ゲーム・ウィーク」(略称ChiTAG)

で、11月に4日間にわたって行われる。これはメッセ、一般の娯楽、メディア向けのショー、会議、購入者・生産者・出版社・代理人・発明家・ゲームデザイナーのための専門会議と、業者のミーティングなどが複合したものである（chitagfair.com）。

雑誌『シュピール＆アウトア』

ヨット乗りには『ディー・ヤハト』、パイロットには『アエロ・クリア』、ゲームプレイヤーには『シュピールボックス』があるように、ゲームデザイナーには『シュピール＆アウトア』がある。不定期で刊行されている。

各号ではゲームデザイナーがそれぞれ自分自身、自分の経験の背景とボードゲームの経歴を紹介し、自分のアイデアを公開している。ゲームデザイナーの顔写真が入った紙は、無料でカタログに入れてもらえる。ボードゲームの紹介には1ページあたり30ユーロかかる。自分の寄稿が掲載された人には、見本誌が送られる。そのほかに雑誌は約100人の受取人に送られる。その第一はボードゲームメーカーである。カタログ用のテキストはA4サイズ片面に印刷するよう、編集部は要求する。手書きのテキストは受け付けない。編集部でA4サイズからA5サイズに縮小されるので、十分大きな文字を選ぶべきである。写真ははっきりしていて見分けやすいものにする。写真をコピーしてみて、きちんと見えるか確認しよう。

この雑誌の活用法

- ボードゲーム編集者やライセンス代理人が、ゲームデザイナーのアイデアをじっくりと自分の仕事机で評価できる
- ゲームデザイナーイベントでボードゲームを個人的に見に来た人が、資料を受け取って、もう一度そのボードゲームについて検討することができる
- ゲームデザイナーとしてはその号が発行されるとき、連絡先デー

19. デザイナーの交流：情報交換

タを全部掲載してもらったほうが絶対に良い

ゲームデザイナー連盟

「ゲッティンゲン・ゲームデザイナー・ミーティング」「ハール国際ゲームインベンター・メッセ」、雑誌『シュピール＆アウトア』のほかに、ゲームデザイナーにとって利害を代表する組織として、先述した「ボードゲームデザイナー連盟」（略称SAZ）がある（spieleautorenzunft.de）。この連盟は、本質的に三つの目的を掲げる。

- 政治・経済の両方におけるゲームデザイナーの利益の促進
- 文化財としてのボードゲームの促進
- ゲームデザイナー間のアイデア交換の促進と「私たち」という連帯感の創造

SAZが起こったのは、ゲームデザイナーが自分たちの協働だけで確かな進歩を達成しようという認識に基づいている。そこで何人かのゲームデザイナーがゲッティンゲンで協力し、結局何年かにわたる産みの苦しみの後で、1991年にSAZが登録団体として創設された。そのうちにSAZはメンバーが400名を超え、外国のゲームデザイナーもたくさんいる。

ボードゲーム業界は、もうSAZを抜きにして語れない。新しいゲームデザイナーには自己紹介の場を与え、ボードゲームイベントの枠内でワークショップを開催し、一般向けのメッセや業界イベントでブースを設営している。「ニュルンベルク玩具メッセ」の期間中に大きな祭りを行い、今や関係者が集う場所として定番となっている。ここには有名無名の仲間が、出版社・商売・メディアの代表と共に集まる。

SAZが役に立つのは、経験のないボードゲームデザイナーにとってだけではない。このガイドブックでは答えを提示しにくい特別な

172　ボードゲーム デザイナー ガイドブック

テーマや問題を深めることもできる。これらについてSAZは自身の報告書『SAZツァイヒェン』をシリーズ化している。

- SAZツァイヒェン1：ボードゲームの開発について、アイデアから作品へ
- SAZツァイヒェン2：試作品の製作についての実践ヒント
- SAZツァイヒェン3：ボードゲームのルールの理論と実践基礎
- SAZツァイヒェン4：出版社との連携と契約
- SAZツァイヒェン5：ボードゲームと著作権

『SAZツァイヒェン』はメンバー限定で利用できるようになっており、非メンバーは購読できない。第5号のみ、インターネットで無制限に公開されている（spieleautorenzunft.deからPDFファイルのダウンロード）。有用なこのシリーズの次号は、製作中となっている。これに関して特別な問題を明らかにするため、SAZには専門家と、熱心で経験豊富で有能なメンバーからなる製作グループが設けられている。SAZは現在ニュースレターを発信しており、メンバーに全員無料で配信されている。

ゲームデザイナーと出版社の間の根本的な意見の相異は、実際のところそれほど頻繁には起こらない。しかしひとたび深刻になった場合、まず中立的な仲裁者に入ってもらうほうが、すぐ猛烈に反論するよりもずっと良い。SAZは過去にもう何度も中立的な第三者として仲裁に入り、世界中の問題について平和的に和解するのに貢献している。いくつかのケースでは、出版社との契約に影響を与え、ゲームデザイナーの利益を改善することにも成功している。

SAZはゲームデザイナーにそれぞれの周囲にいる地域グループへの加入を勧め、ベテランの同僚を1人か2人紹介することもある。その同僚はゲームデザインを始めた頃の面倒な経験をもっており、喜んで支援してくれる。連盟はゲームデザイナーたちを著作権管理団体「ヴォルト」に加入できるようにすることに成功した。これに

よって今、ゲームデザイナーもボードゲームの貸出から著作権使用料を受け取ることができる。SAZのメンバーは、この業界のあらゆるイベントやその他の重要なメッセ・展示会に自由に出入りできる。これは何よりも、特定のグループだけ無料にしているイベントにとって重要である。例えば「ニュルンベルク玩具メッセ」には、SAZのメンバーなら無料で入場できる。

SAZでは、いろいろなかたちのメンバーシップがある。ゲームデザイナーは投票権をもち、ボードゲームを1作も発表していなくても、まだ試作品を製作中であっても、メンバー会議で連盟の政策に影響を与えることができる。ただし、奨励会員には投票権がない。

情報が豊富で明快なSAZのウェブサイト（spieleautorenzunft.de）では、会の情報、会則、そして申込用紙がある。年会費は100ユーロ、学割などは60ユーロである（2018年現在）。

オープンに考えやアイデアを交換するというのは、与え、受け取り、信頼するということである。多年の経験とたくさんの出会いから分かることは、ゲームデザイナーも出版社も、自分の知らない新しい考え方にずっと出会い続けるということである。それにはこの共同体は小さすぎるし、お互いに依存しすぎているし、密につながりすぎている。同じタイミングで幾度となく類似したアプローチや企画が登場するのは避けられない。流行のアイデアがあり、市場やトレンドに敏感なゲームデザイナーも多い。しかしアイデアを盗まれる心配から、仲間とのオープンなディスカッションを繰り広げるチャンスを使わないのは間違っているだろう。この情報ゲームは、全員がずっと勝利し続けられるからである。

［註］

★1｜ゼロサムゲーム

誰かがプラスになれば、ほかの人がマイナスになるというような、全員の利得の総和が常にゼロになるゲーム。

★2｜ルドテーク

ボードゲームを遊んだり借りたりできる施設。「ルド」はゲームや遊びのことで、「テーク」は「ビブリオテーク」（図書館）に由来する。ドイツでは「シュピーリオテーク」と呼ばれる。

ニュルンベルク国際玩具メッセ
Die Internationale Spielwarenmesse Nürnberg

「ニュルンベルク国際玩具メッセ」は、毎年1月終わりか2月初頭に開催される。専門業者向けのメッセであり、入場チケットを買うには単にチケット売り場に行けばいいのではない。入場できるのは出展者、卸売業者、小売業者、プレス証明か出版社の証明をもったジャーナリストだけである。

これからの時代を担うゲームデザイナーにとって、この玩具メッセはあまり大事ではない。そこで展示されるボードゲームは、いずれにせよ少し経つと玩具店に入荷する。ボードゲーム出版社の編集者には確かにいつでもそこで会うことができるが、当然のことながら彼らに提案をよく見るような暇はほとんどない。それゆえ編集者たちは普通、ゲームのコンセプトを出版社に送るよう頼むか、代理人に依頼するよう指示する。基本的には、事前にアポイントメントを取っておかない限り、ニュルンベルクでは全く何もできない。

これからの時代を担うゲームデザイナーにとって、玩具メッセにはせいぜいのところ三つの効能があるだけである。

- ボードゲームカフェと、メッセ後の夕方に行われるSAZパーティーで関係者と会い意見交換をする
- ボードゲーム出版社のさまざまな出展物をじっくり幅広く閲覧し、どの出版社にボードゲームを提案するのがふさわしいかを決める
- このイベントがなければドイツに来ない「バー・デイヴィッド(Bar David)」や、「セブン・タウンズ(Seven Towns)」のような外国のライセンス代理人と個人的に話をすることができる。そのような代理

人の中にはニュルンベルクでブースを出しているところもあり、そこでの待ち合わせ場所を決めることもある。いずれにせよ、かなり前からアポイントメントを取って、その時間を守ることが絶対必要である

今、ドイツ国内で活動している代理人（第14章「どこに投稿するか？」を参照）と、メッセ内でアポイントメントを取ることはあまり賢くない。それならば年間通してできるわけだし、メッセでは予約でいっぱいになっているものである。

ニュルンベルクの玩具メッセにおける問題は、入場である。メッセ主催者は、個別のケースでは出版社を通して入場を許可できるというやり方を定めている。この公式の証明書を事前に入手せずに、ニュルンベルクに行くことには意味がない。ほかには、ボードゲームデザイナー連盟（SAZ）のメンバーシップで入るという方法がある。SAZのメンバーは、連盟から入場チケットが手に入る（詳細は前章を参照）。

21 エッセン・シュピール その他のイベント
Spielertage und andere Veranstaltungen

　雨後の筍のように、新しいボードゲームイベントがどんどん生まれている。これだけの規模の増大は、ドイツ語圏だけで起こっている現象である。ドイツではこの30年間、安定した多層的なボードゲーム文化が育ってきたからである。もともとエッセンで行われた「年間ゲーム大賞」の授賞式に引き続き、まず何気ないボードゲーム愛好者の集まりが生まれた。それが拡大したとき、その性格を変え、時間が経つにつれて世界最大のボードゲームの一般向けメッセに脱皮した。これが「シュピール（＋年数）」である。それに「ウィーン・シュピーレフェスト」「ミュンヘン・シュピールヴィーズン」「ライプツィヒ・シュピールフェスト」と続き、さらにその上たくさんの地方活動があり、その広範な影響を過小評価することはできない。

　「エッセン・シュピール」は10月に開かれる、純粋な消費者向けメッセである（merz-verlag.com）。ボードゲーム出版社や、その他の企業がブース用の場所を借りることができる。小さな出版社はたいてい、3枚の壁と1卓だけの最小スタンドで間に合わせる。自費出版の人たちも費用を節約するため、そのようなブースを取ることが多い。主催者はボードゲームの手売りを黙認している。そこで自費出版の人たちはボードゲームを販売して、少なくとも一部をブース使用料、旅費、滞在費に充てる。ゲームデザイナーにとっては、出展している出版社の商品を見て、この業界はどのアイデアを多かれ少なかれ追いかけているのか概観できる機会となる。また有益な情報源の一つとして、中古ボードゲームブースがある。ここではかつてどんなボードゲームがあったか分かるので、既存の焼き直しを避けられる

かもしれない。

　「ウィーン・シュピーレフェスト」(spielefest.at) は、エッセンと比べるとずっと遊べるイベントだ。来場者は預り金と引き換えにボードゲーム置き場からボードゲームを借り、心ゆくまで試すことができる。人と会ったり話したりするには、ウィーンもエッセンも少なくとも同等である。そこでは一切が、集中的かつ一望できるように組織され運営されているからである。少なくとも最初の2日間はドイツ語圏の出版社から相談できる相手が来ている。相談するなら、ここでも事前にアポイントメントを取っておくべきである。

　11月に3日間にわたって開催される「ミュンヘン・シュピールヴィーズン」は、どんどん成長している (freizeitspass-muenchen.de)。内容はウィーン・シュピールフェストと似ていて、来場者は入場券を預けて巨大なボードゲーム置き場にあるボードゲームを借り、「歩くゲームルール」から説明してもらえる。

　遊びたいだけでなく、垣根を越えてほかの余暇活動に目を向けたい人は、「モデル・ホビー・シュピール（ライプツィヒ）」(modell-hobby-spiel.de)、「スイス・トイ（ベルン）」(suissetoy.ch)、「シュピールメッセ（シュトゥットガルト）」(www.messe-stuttgart.de/spielemesse/) のイベントが合っている。そこではボードゲームだけでなく、特に鉄道模型、手芸品などを見ることができる。

　ボードゲームを教育面に活かそうと思っていたり、環境を考えさせるボードゲームを作ったりしているゲームデザイナーにとって、「シュピールマルクト（レムシャイト）」(spielmarkt.de) はふさわしい手がかりになる。環境汚染のない世界や政治的な内容のボードゲームについても、ここで面白い話し相手が見つかるだろう。

　純粋な教育ゲームについて一番いいのは、教育メッセ「ディダクタ (didacta.de)」で参加者と会うことである。

　ボードゲーム評論や、ボードゲームの文化史的・社会政治的な意味といった根本的なテーマに興味があるならば、「バイエルン・ボード

ゲームアーカイブ・ハール」（spiele-archiv.de）やニュルンベルクの「ドイ
ツ・ボードゲームアーカイブ」（museen.nuernberg.de/spiele-archiv）に有
能な相談相手がいる。

現在、新しい地方ボードゲームイベントが加わっている。『シュ
ピールボックス』や『H@LL9000』など、ボードゲーム愛好者のための
メディアが、定期的にボードゲームに関連するたくさんのイベントの
日程を公開している。

22
国が変わればルールも変わる
Andere Länder, andere Regeln
ボードゲームをアメリカに提案する

　このゲームデザイナーのためのガイドブックは、条件も前提もヨーロッパ、特にドイツ語圏でのこととして話を進めている。ゲームデザイナーの中には、限りない市場規模をもっていそうな国で自分の作品を発売するという魅力的な目的をもっている人もいるようだ。しかし言語と距離というハードル以外にも、そこには問題がまだ延々と続いている。

　多種多様なファミリーゲームとボードゲームはドイツではごく一般的であるが、アメリカにおいては普通のものでは決してない。もちろん「我々の」ボードゲームは、「あちらで」手に入る。数年前から英語ルールがパソコンの翻訳プログラムで自動翻訳されることが増え、馬鹿げた誤訳が生まれているほどだ。例えば「ツーク (Zug)」が「手番」ではなくて「列車」と翻訳されたことがある。『みんなで決めたこと (Das regeln wir schon)』(★1) というタイトルが突然変異して『そのルールは我々がすでに (That rule we already)』になったこともある。我々のスタイルのボードゲームはアメリカ国内の愛好家から「ドイツゲーム」と呼ばれ、高く評価されている。熱心なアメリカのボードゲーム愛好者がたくさん、毎年エッセンに巡礼に訪れ、新作ボードゲームを買い込んでいく。出版社が英語のルールを付属していなければ、初版が大西洋を渡る前にもう立派に翻訳されてインターネットに公開される。

　商習慣上、アメリカでボードゲームは「テレビ映え」するものでなければならない。実際、ゲーム内容を説明できる専門業者がいないからである。販売者と潜在的購入者のコミュニケーションは、テレビ

22. 国が変わればルールも変わる　181

コマーシャルを通して行われる。テレビは時間あたりの広告料が高いため、どんなゲームなのか数秒の間に分かりやすく紹介しなければならない。この観点では、遊び方が簡単でメカニカルなギミックがあるボードゲームか、『モノポリー』『クルード』『リスク』（★2）など昔から知られたタイトルを作り変えた変種がどうしても多くなるのは不思議なことではない。あらゆるテーマについての数え切れないトリビアゲームもごまんとある。

　法的な状況もドイツとは全く異なる。ボードゲーム出版社も少ないが、長年にわたる確かなビジネス関係と信頼の基礎がある場合はさておき、アメリカの編集者は基本的に、ゲームデザイナーから試作品を直接受け取って見ることはない。その代わりに通常、代理人を間に挟む。これまでの主な代理人はアメリカ、イギリス、イスラエルにいた。そのうちハズブロ社が新しい路線になり、ウィーンの代理人「ホワイト・キャッスル・ゲームズ」と契約を結んだ。現在はハズブロ社と連絡を取るには、この代理人を通すことになっている（第14章「どこに投稿するか？」を参照）。

　代理人を挟む理由は、編集者があるゲームデザイナーの提案を見ていて、その間に偶然似たようなボードゲームの作業を進めていた場合に、損害補償裁判に巻き込まれる危険を回避するためである。それゆえ、ゲームデザイナーがほかのゲームデザイナーの前で自分の試作品を広げ、テストプレイに招待するゲームインベンター・メッセも、それに参加するような編集者もアメリカではありえない。アメリカでの権利関係は前提が全く異なって細々としており、ドイツでの法解釈だと馬鹿馬鹿しいような例がごまんとある。そんなリスクには、アメリカの出版社も編集者も晒されたくない。法的状況が全く異なるのは、このガイドブックにイタリア語訳や韓国語訳もあるのに、英語には翻訳されていない一因ともなっている。

　ハズブロ社の製品取得部で長くシニアディレクターを務めていたマイケル・グレイ氏は、アメリカでボードゲームを採用してもらえる

182　ボードゲーム デザイナー ガイドブック

チャンスについて私見を次のようにまとめている。

　　ボードゲームをアメリカ市場向きに開発するには、どのボードゲームがアメリカ向きなのか、どうやってそこまでこぎつけるかを知らなければならない。これについて私ができるベストなアドバイスは、レヴィ＆ウェインガートナーの『おもちゃ・ゲームインベンターのハンドブック（Toy and Game Inventor's Handbook）』を読むことである。

　　アメリカ市場はヨーロッパ市場と異なる。

　　文化も違うし、ボードゲームを製造する出版社もヨーロッパとは根本的に異なる。それどころかアメリカのトイザらスで販売されているボードゲームは、ヨーロッパのトイザらスが販売するボードゲームと異なるのである。

　　驚くべきことにアメリカでは、総合スーパーやその他の販売店に新作の戦略ボードゲームなど無きに等しい。ほとんどのボードゲームはクラシックか、その特別版か、現在の映画・有名なアニメシリーズ・テレビショーのライセンスゲームである。ボードゲームに関するウェブサイトを見れば、戦略ゲームがアメリカで普及しているような印象を受けるかもしれない。確かに定期的にそのようなウェブサイトを訪れているプレイヤーには普及しているといえるが、それはおそらく広い市場を代表する購入者ではないだろう。熱心なボードゲーム愛好者のための市場は確かに成長しているが、マス・マーケットと比べれば依然として小さい。

　　アメリカの大きなボードゲーム出版社にボードゲームを売りたい人は、まずその企業にはどんな販売プログラムがあるか、またウォルマート、ターゲット、トゥルーといった総合スーパーの棚に何があるかについて情報を得ておくべきである。

　　新作ボードゲームは企業・販売店両方の販売プログラムの

路線に沿い、かつ両方の側にこれまでなかった新しい何かをさらに付け加えるものでなければならない。ゲームデザイナーがまず一度、私家版を作らなければならないということはない。インターネットで調査したり、販売店の玩具コーナーに行ったりすれば、それぞれの新作で何が強いのかを発見することができる。この感覚を磨いた人だけが、自分の作品を販売プログラムに採用することをメーカーに納得してもらえるだろう。このような感覚があれば、難易度の高いボードゲームを開発しようとはあまり思わなくなるはずだ。

　アメリカの大きなボードゲーム会社は、基本的にテレビコマーシャル向けのボードゲームを求めている。この手のボードゲームは、視聴者に30秒以内に理解してもらわなければならない。難易度の高いボードゲームは、30秒でなど説明できないだろう。すなわち新作ボードゲームは、昔から知られたボードゲームの箱絵やアートワークをただ変えたものや、有名人やテレビ番組に基づくライセンスゲームでなければ、見かけが良くて、全く簡単に説明できるものでなければならない。テレビのスポットコマーシャルを見ればそれを買いたくなるし、そのようなボードゲームがお店の棚に置いてあるのを見れば、手に取るものである。

　さらに知っておくべき重要なことは、アメリカでボードゲームを買うのはほとんど女性だということである。特に子ども向けのプレゼントや、自分自身のボードゲームを探している母親が多い。

　現在たいへん関心を集めているのは、テクノロジーを加えたボードゲームである。テクノロジー（光、音声、音楽、モーター、スクリーン）が付くと、値段が高くなるのを正当化できる。テクノロジーを加えたボードゲームはゲームの魅力を増してくれる。iPadやXboxを持っている人は、ダイスやカードだけが

入った箱よりも多くを求める。『モノポリー』『クルード』『スクラブル』(★3) は依然としてよく売れているが、新作ボードゲームは今日のマス・マーケットでたいていほんの短い間しかもたない。テクノロジーを自分のボードゲームに加えるのであれば、その使い方に本当に意味があって、その上何か特別な体験ができるものでなければならない。

　ボードゲームを完成させたら、出版社に見せて審査してもらわなければならない。しかしこれはゲームデザイナーがどこに住んでいようとも全く容易ではない。ミルトン・ブラッドレー、パーカー・ブラザーズ、タイガーといったレーベルを保有しているハズブロ・ゲームズや、そのほかの大きな企業は基本的に見知らぬ新人ゲームデザイナーからの持ち込みを受け付けていない。一つには、多くの編集者がいるならば受け付けたいところではあるが、たくさんの提案を全て審査するのに必要な人数がいないからだ。もう一つには法的な制度があり、我々の事業の条件を理解していない人々のボードゲームをチェックすることが難しいからだ。

　見知らぬゲームデザイナーがハズブロ社に何か持ち込みたい場合、間にボードゲームのブローカーを挟まなければならない。ブローカーというのは代理人に似たものである。代理人はたくさんのゲームデザイナーからの提案を見て、どのボードゲームをどの出版社に紹介するかを決定するが、ブローカーは1社の指示で良いゲームを探す。ブローカーの名前や連絡先については、お目当ての企業のウェブサイトを通して、それぞれの企業がボードゲームの持ち込みを受け付けるルールを問い合わせたときに知らせてもらえるだろう。

　あなたの成功を祈っています。

マイケル・グレイ

22. 国が変わればルールも変わる　185

[註]

★1 みんなで決めたこと

ルールを皆の投票で決めるボードゲーム。1994年にモスキート・シュピーレから発売された。タイトルは「それを私たちはルールにしよう」という意味で、"regeln"は名詞「ルール」ではなく動詞「ルールにする」である。

★1 みんなで決めたこと

★2 リスク

世界地図上で勢力争いをする陣取りゲーム。1959年にパーカーブラザーズ（アメリカ）から発売され、日本を含む世界で愛好されている。

★2 リスク

★3 スクラブル

手持ちのアルファベットをクロスワードの要領でマスに配置して単語を作るゲーム。1948年にアメリカで発売された。英語力がものをいうゲームだが、日本でも根強い人気がある

★3 スクラブル

23 最後に免責事項
Auf ein letztes Wort: Haftungsausschluss

アメリカでは、電子レンジのメーカーが巨額の損害賠償を支払うよう命令されたという。取扱説明書に、洗ったばかりのペットの猫をこの電子レンジで乾かしてはいけないという指示を怠ったというのだ。

本書はガイドブックである。情報は全て念入りに調査し、印刷にかけるまで最新の状態になるようベストな知識と良心を尽くした。それでも用心のため、情報の正確さについては保証しかねることを注意しておく。健全な理性があるならば、多くの質問に正しい答えを見つけられるだろう。取扱説明書に明記されていようといまいと、濡れた猫を電子レンジには入れないものである。難しい法的な問題を解決することになったら、このガイドブックの情報に加えて弁護士に相談したほうが良い。

ご提案とご意見

このガイドブックは批判的に繰り返し精査し、改訂することでのみ役に立つものである。好ましい会話と意欲的な手紙から察する限り、イタリア語と韓国語の翻訳版を含むこれまでの六つの版は多くのゲームデザイナーに役立ったようである。出版社も、本書の版元であるラベンスバーガー社だけなく全てが、ここ数年、内容の改良案を出してくれている。

しばらくしたらまた、本書のアップデートが行われるかもしれない。そのためどんな知識も、どんな意見も歓迎で、この本を通して他の人に伝えられるだろう。それゆえゲームデザイナーの皆さんに

お願いしたいのは、自分の経験を私に送ってほしいということだ。それは本書を再版する際に挿入することができる。郵便やEメールの送り先は以下の通り。

Bayerisches Spiele-Arciv Haar e.V.
Leitfaden für Spielerfinder
Postfach 1120
85529 Haar/Germany
info@spiele-archiv.de

たいへんありがとうございました。そして、うまくいきますように！

トム・ヴェルネック

役に立つテキスト集

Nützliche Mustertexte

1. バイエルン・ボードゲーム・アーカイブ・ハールへの申込書

2. バイエルン・ボードゲーム・アーカイブ・ハールの受付確認書

3. 最初の連絡：そのボードゲームに興味があるか？

4. 最初の連絡：出版社からの回答

5. 不採用通知とその理由

6. 出版社のチェックリスト

1. バイエルン・ボードゲーム・アーカイブ・ハールへの申込書

この手紙をコピーし、発送人、日付、口座番号を記入して送るだけで十分である。

発送人：＿＿＿＿＿＿＿＿＿＿＿＿

Eメールアドレスにご送信頂ければ、郵便代を節約できます。我々から広告はお送りしません。頂いた個人情報は、今回の件での手紙のやり取りと、国際ボードゲームインベンター・メッセへの招待のみに使います。

Eメール：＿＿＿＿＿＿＿＿＿＿＿＿＿＿＿＿＿＿＿＿＿＿＿＿＿＿＿＿

バイエルン・ボードゲーム・アーカイブ・ハール
リヒャルト・フェヒター様
Postfach 1120
85529 Haar

日付：＿＿＿＿＿＿＿＿＿＿＿＿

拝啓　フェヒター様

証拠の確認のために約１週間以内に、私が開発したボードゲームの提案が入った書留郵便を、バイエルン・ボードゲーム・アーカイブ・ハールにお送りしたいと思います。
つきましては以下のことをお願いいたします。
 ＊接着テープを傷つけないこと
 ＊封筒を開封しないこと
 ＊封筒を５年間保管すること
 ＊その期間が終わったら、この発送物を開封しないまま破棄すること
（これについては前もって同意しておきます）

法的な問題が起こった場合、私の要求に応じてこの封筒を書留で私が指示した裁判所へ送って下さい。
保管期間中、私の発送物が予期せぬ事故で損傷した場合、バイエルン・ボードゲーム・

アーカイブ・ハールとその協力者は責任を取らないことを承認します。

管理料として75ユーロを、以下の銀行口座から引き落とされることを許可します。

口座名義人：_____

口座番号（IBAN）：_____

銀行コード（BIC）：_____

銀行名：_____

敬具

サイン：_____

SEPA口座振替では振替手数料がかからない。アーカイブが受領するのはベルギー、ブルガリア、デンマーク、ドイツ、エストニア、フィンランド、フランス、ギリシャ、イギリス、アイルランド、アイスランド、イタリア、クロアチア、ラトビア、リヒテンシュタイン、リトアニア、ルクセンブルク、マルタ、モナコ、オランダ、ノルウェー、オーストリア、ポーランド、ポルトガル、ルーマニア、スウェーデン、スイス、スロヴァキア、スロヴェニア、スペイン、チェコ共和国、ハンガリー、キプロスからの証拠書類のみ。

2. バイエルン・ボードゲーム・アーカイブ・ハールの受付確認書

バイエルン・ボードゲーム・アーカイブ・ハール
Postfach 1120
85529 Haar
info@spiele-archiv.de
www.spiele-archiv.de

バイエルン・ボードゲーム・アーカイブ・ハール
85529 Haar Postfach 1120

モニカ・グリュック様
シュピーラー通り 3
56789 ヴュルフェルハウゼン

拝啓　グリュック様

2015年2月7日付のあなたの手紙を受け取りました。あなたの許可を受けて75ユーロを指示された口座から引き落としました。

差出人付きの郵便書留を、4週間以内に次の住所にお送り下さい。受領して、少なくとも5年間保管する用意が整いました。

Bayerisches Spiele-Archiv Haar e.V., Postfach 1120, D 85529 Haar

発送物のサイズはA4より大きくならないようにし、ほかの書留郵便と区別するために「寄託物（Depot）」と明記して下さい。我々は封筒を開封せず、粘着テープを傷つけません。

この封筒が我々に預けられているという事実については、第三者に開示しません。この発送物が予期せぬ事故で損傷した場合、バイエルン・ボードゲーム・アーカイブも、その協力者も責任を取らないことをあなたは手紙で明確に確認しました。

我々はあなたの発送物を5年間保管します。保管期間中にあなた本人か、権限を与えられたあなたの弁護士から文書で指示があった場合、指定された住所に発送物をお送りします。その場合は別の封筒で送ります。5年後、我々は封筒を開封せずにシュレッダーにかけます。これによってバイエルン・ボードゲーム・アーカイブの義務は終了します。

あなたの発送物の内容について我々は対応できません。特にバイエルン・ボードゲーム・アーカイブ・ハールは法的な問題を引き受けません。

敬具

3. 最初の連絡：そのボードゲームに興味があるか？

モニカ・グリュック
シュピーラー通り 3, 56780 ヴュルフェルハウゼン

○○ボードゲーム出版社
ボードゲーム編集部
ツファール通り 7
12345 シュピールシュタット

2015年7月6日

ボードゲームの提案『竜巻』(仮題)について

拝啓

私が開発した2〜6人用、10歳以上対象のボードゲームの基本アイデアを紹介したいと思います。

第1フェイズで開拓者たちは土地を分配し開墾します。ゲームボードは96の六角形マスからなり、通し番号が振られています。全てのマスに対応するカードがあり、全員土地の番号がつながるまでカードを交換します。第2フェイズで竜巻がボードを通り過ぎます。2枚のディスクで毎回、竜巻の方向と強さが決まります。家の屋根がはがれるか、納屋が崩れるか、竜巻で柵が飛ばされて家畜が逃げ出すかどうかは、建築の仕方と風向きで決まります。手番には、六つのポーンで表される自分の力を振り分け、嵐を避けたり、危険にさらされた隣人を助けたりします。ゲームボードの周囲のトラックが得点状況を表します。自身の農場を失うことなく、隣人を最も多く助けることができたプレイヤーが勝者となります。

平均的なプレイ時間は約30〜40分です。現在のかたちになってから、これまで六つの異なるグループで、人数を変えて32回テストプレイしました。テストプレイ用紙は試作品に添付することができます。

私のボードゲームに興味をもっていただけたら幸いです。ゲームボード、ルール、テストプレイに必要な用具はすぐにお送りすることができます。

敬具

モニカ・グリュック

24. 役に立つテキスト集　193

4. 最初の連絡：出版社からの回答

○○ボードゲーム出版社

モニカ・グリュック様
シュピーラー通り 3
56789 ヴュルフェルハウゼン

2015年7月15日

拝啓　グリュック様

2015年7月6日のお手紙たいへんありがとうございました。あなたが新しいボード
ゲームを開発し、製品化について私たちに委ねていただきましたことを嬉しく存じま
す。

私たちは新しいアイデアに興味がありますので、第一段階のチェック用にゲームの
ルールのコピーと、見本の写真をお送り下さいますようお願いいたします。テストプ
レイ用にそれ以外にも資料が必要ならば、後で請求いたします。

私たちはあなたのアイデアを内密に扱うことを保証します。ほかにも追加して保証
してほしいことがありましたら、あなたのボードゲームをバイエルン・ボードゲーム・
アーカイブ・ハールに寄託することができます。

この作品に関して、あなたが私たちに照会する必要がなくなった場合、資料を全部
お返しします。

敬具

通常、ほかのボードゲーム出版社も、表現は違っても内容的に同じ返答を行う。

194　ボードゲーム デザイナー ガイドブック

5. 不採用通知とその理由

〇〇ボードゲーム出版社

モニカ・グリュック様
シュピーラー通り 3
56789 ヴュルフェルハウゼン

2015年9月18日

拝啓　グリュック様

書類とあなたのボードゲームに関連する資料をお送りいただきましてありがとうございました。
私たちで作品をチェックしましたが、残念ながら否定的な結果となりました。
不採用にあたっては、チェックシートに記載された理由が決定的なものとなりました。
私たちを信用して、ボードゲームを預けて下さいましたことに感謝申し上げます。資料は、同じ便で返送いたします。
あなたの作品は、完全に内密に取り扱いましたことを保証いたします。

敬具

〇〇ボードゲーム出版社
ボードゲーム編集部

6. 出版社のチェックリスト

同封物 チェックシート

〇〇ボードゲーム出版社
ボードゲーム編集部

ボードゲーム名：_____ _____
ゲームデザイナー：_____

あなたのボードゲームは、残念ながらプログラム計画で不採用となりました。
主な理由は以下の通りです。
☐ アイデアが十分に新しくオリジナルであるといえない
☐ すでに同様のボードゲームが市場にある
☐ 古典ボードゲームの異種である
☐ 特別すぎるテーマのために購買層が限定されすぎている

テストプレイの結果が満足できるものではありませんでした。
☐ ボードゲームがうまく機能しなかった
☐ ゲームの展開がはかどらない、間延びする、だれる
☐ プレイ時間が長すぎる
☐ プレイ時間が延びるにつれてプレイヤーの興味が失せ、繰り返し遊びたいと思わ
　 ない
☐ ゲーム進行が難しすぎたり複雑すぎたりする
☐ プレイヤー間のコミュニケーションがほとんどない。全員ソロプレイしている

このボードゲームは私たちのプログラム計画には合いませんでした。私たちには当座
の必要がありません。

その他の理由・意見

_____

日付：_____
サイン：_____

訳者あとがき
Nachwort vom Übersetzer

　私が筆者のトム・ヴェルネック氏と知り合ったのは2004年、「日本ボードゲーム大賞」の広報を務めていたときだった。ヴェルネック氏は「ドイツ年間ゲーム大賞」の設立者の1人として、2009年まで審査員を務めていたが、その関係で世界中のボードゲーム賞を調査しており、2002年に始まった日本ボードゲーム大賞について問い合わせてきたのである。その狙いは、国際的に均一なボードゲームの審査員資格を作ることにあった（この野望は、いまだ実現されていない）。そのときのメールには、こう記されている。

　「現在、世界にはおよそ100種類ものボードゲーム賞があるが、その中で本当に意味のあるものは非常に少ない。多くの賞は"ゲーム・オブ・ジ・イヤー"などと名乗っているものの、よく調べるとボードゲームメーカーや販売業から独立していない。消費者は馬鹿ではなく、審査員が本当に独立していて中立的でなければ、そのことに気付く。そうなるとそのボードゲーム賞の価値は無きに等しい。ドイツ年間ゲーム大賞の審査員はジャーナリストだけで構成されており、ゲームデザイナー、コンサルタントなどとしてボードゲームメーカーや玩具販売業で働いている者は審査員になることができない。また消費者も我々の決定に関与させていない。消費者は広告とマーケティングに強く影響されうるからである」

　日本ボードゲーム大賞はNPO法人ゆうもあが主催し、その独立性と中立性は守り続けられている。しかしながら2015年から始まった「ゲームマーケット大賞」は、ボードゲーム出版社でもある株式会社アークライトが主催する。私が審査員を打診されたとき、真っ先にその独立性と中立性の担保を強く主張したのは、このようなヴェル

ネック氏のメッセージがあったからにほかならない。

その後私は2012年、本書にも登場する「バイエルン・ボードゲーム・アーカイブ・ハール」を訪問する機会に恵まれた。2万点ものボードゲームを収蔵しているこのアーカイブは常時公開されているものではないが、ヴェルネック氏のご厚意で拝見できたのである。ここはボードゲームを分類し、出版社やサイズ別に棚に収納するだけでなく、マスコミの取材対応も行う。アーカイブの存在は広く知れ渡っており、テレビや新聞がボードゲームの特集をするときには実物の写真を撮りにくるのである。そのためドイツ国内の出版社は、9割が新作を無償でアーカイブに提供しているという。

アーカイブの上の階は幼稚園になっており、ヴェルネック氏のお孫さんも通っていた。「おっと時間だ」アーカイブの秘密の階段を通って、お孫さんを迎えに行くヴェルネック氏。子どもたちがアーカイブを荒らさないように、秘密の階段には厳重に施錠しているという。幼稚園の地下にあるおじいちゃんの秘密基地は、何だかとってもカッコいい。

ヴェルネック氏の本業はアーカイブ管理ではない。シーメンス社員を経て、企業の社内コミュニケーション研修のコンサルタントをしてきた。また自家用飛行機が趣味で、セスナ機を所有している。「日本語版まえがき」にある通り、ヴェルネック氏の奥様は日本在住経験があるが、その奥様の祖父は当時、天皇陛下のドイツ語教師をしていたこともあるという。ドイツ年間ゲーム大賞の設立者であることといい、度肝を抜かれる話ばかりである。

「エッセン・シュピール」に行くと、毎回ヴェルネック氏に会うことが

できる。キャリーバッグをもって忙しそうに歩き回っており、ドイツ年間ゲーム大賞の審査員を辞任してからも新作情報集めに余念がないところをみると、根っからのボードゲーム愛好者であることが分かる。そんな氏の名言は、本書の中にもたくさんちりばめられている。「ボードゲーム デザイナーを目指す人への実践的なアドバイス」という副題が付いているが、その根底に流れるボードゲーム哲学に感銘を受けながら翻訳できたのは幸せなことである。今度エッセン・シュピールでヴェルネック氏にお会いしたときに、この感謝の気持ちを直接お伝え申し上げたいと思う。

　本書の出版にあたり、スモール出版の中村孝司氏にはタイトなスケジュールの中、「優秀な編集者」を務めていただいた。この場を借りて御礼を申し上げる次第である。

小野卓也

トム・ヴェルネック Tom Werneck
ボードゲームのエキスパート。ドイツのボードゲーム評論の第一人者である。「ドイツ年間ゲーム大賞」の設立メンバーで、「ドイツ・ボードゲーム・アーカイブ」の設立協力者、「バイエルン・ボードゲーム・アーカイブ・ハール」の所長を務める。「ディー・ツァイト」紙、「フランクフルター・ルンドシャウ」紙のコラムでも知られている。40作以上のボードゲームを開発した経験から、ゲームデザイナーの問題を熟知しており、ボードゲームに関する本を多数著している。これまでの著作の累計発行部数は、数百万部におよぶ。

小野卓也 Takuya Ono
ボードゲームジャーナリスト。国内最大のボードゲーム情報サイト「Table Games in the World」でニュースやレビューを発信する。著書に「ボードゲームワールド」(スモール出版)、「ドイツゲームでしょう!」(グランペール)があるほか、専門誌、雑誌、新聞などでの執筆も多数。ボードゲームのマニュアルの翻訳も多く手がけている。
http://www.tgiw.info/

ボードゲーム デザイナー ガイドブック
〜ボードゲーム デザイナーを目指す人への実践的なアドバイス
Leitfaden für Spieleerfinder – und solche, die es werden wollen

発行日　2018年5月14日　第1刷発行

著　者	トム・ヴェルネック Tom Werneck
訳　者	小野卓也

編　集	中村孝司 (スモールライト)
ブックデザイン	松川祐子
カバーイラスト	荒木由加里
校　正	会田次子
制作協力	室井順子 (スモールライト)
営　業	藤井敏之 (スモールライト)

発行者	中村孝司
発行所	スモール出版
	〒164-0003　東京都中野区東中野1-57-8 辻沢ビル地下1階
	株式会社スモールライト
	TEL　03-5338-2360 ／ FAX　03-5338-2361
	e-mail　books@small-light.com
	URL　http://www.small-light.com/books/
	振替　00120-3-392156

印刷・製本	中央精版印刷株式会社

定価はカバーに表示してあります。
乱丁・落丁(本の頁の抜け落ちや順序の間違い)の場合は、小社販売宛にお送りください。
送料は小社負担でお取り替えいたします。
なお、本書の一部あるいは全部を無断で複写複製することは、法律で認められた場合を除き、著作権の侵害になります。

Translation by Takuya Ono.
Published by Small Light Inc.
Copyright in Japan © 2018 Takuya Ono / Small Light Inc. All Rights Reserved.
Printed in Japan　ISBN978-4-905158-54-7